Volker K. Thomalla, Sebastian Steinke

Der Airbus A380

SIA übernimmt die erste A380

Die große Premiere

MSN003 startet im Sommer 2007 zu einem Trainingsflug. Durch vorherige Simulatorschulungen und zahlreiche reale Flüge werden die Kundenpiloten schon vor der Aufnahme des Linienbetriebes mit dem neuen Muster vertraut gemacht.

Toulouse am frühen Morgen des 15. Oktober 2007. Es ist noch dunkel, doch am neuen Airbus-Kundenauslieferungszentrum herrscht um halb sechs Uhr früh Hochbetrieb. Wie ein eigenes Flughafenterminal sieht das neue Auslieferungszentrum aus. Hier gibt es zehn gebäudenahe Park- und Abstellpositionen für Flugzeuge, die demnächst an die Kunden übergeben werden. Viele erhalten hier noch ihre endgültige Ausrüstung, zum Beispiel Schwimmwesten, Notrutschen oder auch nur letzte Softwareupdates. Schließlich testen strenge Übernahmeteams der Kundenairlines hier tagelang und auch bei mindestens einem Abnahmeflug, ob ihr neues Flugzeug perfekt funktioniert, ob alle Ausrüstung vollständig eingebaut ist und ob sie das Flugzeug genau so übernehmen wollen. Was jetzt nicht reklamiert wird, zahlt der Kunde später selbst. Alle Details werden in genauen Übergabeprotokollen vermerkt. Deswegen gibt es hier auch große Besprechungsräume für die Abnahmedelegationen. Bis zu 20 Experten sind alleine an der juristischen Übergabe des Flugzeugs beteiligt. Sobald die Anwälte melden, dass der Kaufpreis auf dem Airbus-Konto eingegangen ist, gehört die A380 dem Kunden. Guten Flug!

Falls sich jetzt noch irgendwo Probleme oder meistens eher kleine »Problemchen« zeigen sollten, vielleicht einen unentdeckten Kratzer oder einen anderen rein optischen Materialfehler in einer First-Class-

Toilettenbrille, ein defektes Leselicht im Ruheraum der Besatzung, eine klemmende Schranktür oder ein Stück losen Teppichs, stehen hier spezialisierte Ingenieurteams bereit, die jeden Schaden oder Makel in kürzester Zeit mit den Originalteilen beheben können. Sie selbst behandeln jedes Flugzeug wie ein rohes Ei und bewegen sich an Bord nur in Überschuhen und mit äußerster Vorsicht und Rücksicht, um ja keine neuen Spuren ihrer Arbeit zu hinterlassen. Der Kunde ist für sie wirklich »König« und was immer reklamiert wird, erledigen sie ohne Murren oder heimlich hochgezogene Augenbrauen. Denn wann immer so ein kostbares Neuflugzeug herumsteht, wird es für einen Kunden teuer. Dagegen kommen zufriedene Kunden wieder. Schlechter Service würde sich in der Branche schnell herumsprechen.

Mehrere Fernsehteams senden am Übergabetag schon live vom Vorfeld ihre Bilder in die Welt hinaus. Nicht nur fürs europäische Frühstücksfernsehen und die Morgennachrichten, sondern auch fürs Tagesprogramm, denn bei dem heutigen Hauptakteur, dem ersten A380-Kunden Singapore Airlines aus Singapur, ist dieser Tag nach asiatischer Ortszeit schon weit fortgeschritten. Hier und heute wird das erste A380-Kundenflugzeug übergeben.

Ein eigenes Containerdorf am Vorfeldrand ist die Anlaufstelle für hunderte Journalisten aus aller Welt, die hier busladungsweise eintreffen, ihre Laptops anschließen und wie im Akkord ihre Meldungen schreiben und Digitalfotos an die Heimatredaktionen e-mailen. Inmitten der Journalistenmeute geben Airbus-Chef Thomas Enders und A380-Cheftestpilot Jacques Rosay geduldig Interviews. Als passenden Bildhintergrund hat Airbus den A380-Prototyp MSN001 ans Auslieferungszentrum schleppen lassen. Er ist frisch mit einem Aufkleber des jüngsten A380-Kunden British Airways am Bug dekoriert. Die erste SIA-A380 ist dagegen noch nicht zu sehen. Sie wurde vor der Übergabe »versteckt«.

Bald wird sich zeigen, wie die erste Kunden-A380 mit dem rauen Wind des Airline-Alltags zurechtkommt, wenn sich nicht mehr Hand verlesene Airbus-Techniker, sondern normale Airline- und Flughafenmitarbeiter um den Riesen kümmern, der weitaus mehr als die Hälfte jedes Tages in der Luft verbringen wird. Hunderttausende Passagiere werden sich dann in den Sitzen räkeln, an allen Knöpfen herumspielen, Tag für Tag insgesamt Millionen warmer Mahlzeiten und Getränke verlangen und mit ihren klobigen Rollkoffern die Handgepäckfächer malträtieren.

Gleichzeitig ist die A380 auch das neue Flaggschiff von Singapore Airlines und erst heute wird ihre neue Kabineneinrichtung bekannt. Kein Sterbenswörtchen durften die Airbus-Kabinenausstatter und die externen Mitarbeiter in Hamburg vorab darüber verlauten lassen. Selbst auf dem ohnehin abgeriegelten Werksvorfeld in Finkenwerder parkte der Riese stets nur mit runtergelassenen Sonnenblenden der Kabinenfenster, um jeden Blick ins Innere, etwa per Teleobjektiv, zu verhindern. Nur die ungewöhnliche Fensterteilung der Kabinenfenster im vorderen Hauptdeck, jeweils in Zweiergruppen und immer mit einer fest verschlossenen Fensteröffnung dazwischen, verriet, dass sich die Singapurer offensichtlich für etwas ganz Neues entschieden hatten.

Doch noch immer fehlt MSN003, das erste Kundenflugzeug. Erst einmal treffen die Ehrengäste ein: EADS-Chef Louis Gallois begrüßt SIA-Vorstandschef Chew Choon Seng an der Autovorfahrt. Rolls-Royce-Chef Sir John Rose, sein Unternehmen steuert die Trent-Triebwerke aller SIA-A380 bei, rollt dagegen per

Der Vorstandsvorsitzende von Singapore Airlines, Chew Choon Seng, bei einer Pressekonferenz anlässlich der ersten A380-Kundenauslieferung am 15. Oktober 2007 in Toulouse. Er wird von Airbus-Chef Thomas Enders (links) und Sir John Rose von Rolls-Royce, dem Triebwerkslieferanten, flankiert.

Eine Suite der Ersten Klasse an Bord von Emirates. Die Trennwände lassen sich als Blickschutz elektrisch verschließen. Der Hummer als Vorspeise ist bereits serviert.

persönlichem Privatjet mit der passenden Schweizer Registrierung mit seinen Initialen HB-JRS auf der Vorfeldseite direkt vor das Kundenauslieferungszentrum. Hier soll gleich die A380 ins Rampenlicht geschleppt werden.

Im ersten Stock des Gebäudes haben sich derweil die Ehrengäste und Journalisten im halbkreisförmigen Empfangssaal versammelt. Alle Vorhänge sind zugezogen. Unter der Saaldecke hängt ein rund drei Meter langes, weißes A380-Modell, auf das von allen Seiten wechselnde Filmbilder und Muster projiziert werden. Eine kurze A380-Multimediawerbeshow über Menschen aus aller Welt, die sich per Flugzeug begegnen, umweltfreundliche Flugzeuge und das Unternehmen Singapore Airlines endet damit, dass das Modell per Projektion die Farben von Singapore Airlines annimmt. Jetzt wird es feierlich: Thomas Enders übergibt das Flugzeug symbolisch und mit einem Glas Champagner an den strahlenden Chew Choon Seng, während sich die Vorhänge öffnen und man direkt vor dem Festsaal die inzwischen herbeigeschleppte MSN003 in aller Pracht sieht. Blank poliert wie ein Konzertflügel funkelt der Riese in der gleißenden Toulouser Morgensonne.

Noch vor kurzem hatte Singapore Airlines leichte Veränderungen am Lackdesign vornehmen lassen und die zunächst komplett in der Grundfarbe Dunkelblau lackierte massive Heckflosse an der Unterseite mit einem weißen Streifen, also in der Farbe des Rumpfes versehen, um sie etwas schmaler erscheinen zu lassen. Dadurch wirkt die riesige Heckflosse tatsächlich weniger wuchtig aber als Folge musste auch der riesige goldene Singapur-Adler auf der Heckflosse versetzt werden. Eine Heidenarbeit für die Airbus-Lackierteams, die alle alten Farbschichten vorsichtig abtragen müssen, ohne das darunter liegende Material anzugreifen. Das Seitenruder ist besonders empfindlich. Um es genau mit seinem feinjustierten Gewicht einbauen zu können, wird es normalerweise vorab und separat lackiert. Ab ihrer zweiten A380 hat SIA übrigens auch ihren Schriftzug auf dem Rumpf leicht verändert und weiter vorne anbringen lassen. In der aktuellen Version reicht die Schrift bis zum Anfang des Fensterbandes. Vorher begann sie erst mit Abstand zum Bug auf Höhe der ersten Klasse. Die Größe der A380 und eine gewisse Klobigkeit stellt für die Marketing- und Brandingexperten der Airlines offenbar eine Herausforderung dar. Auch QANTAS ließ sich ihr Markenzeichen-Känguru auf der Heckflosse ihrer A380 leicht verändern, weil das reguläre Logo auf dem Riesenheck unverhältnismäßig lange Beine bekommen hätte.

Zurück zur Übergabe: Mit einer Festrede begrüßt Chew Choon Seng seinen neuen Prachtvogel. »Heute ist ein glücklicher und stolzer Tag für Singapore Airlines. Die A380 war das lange Warten wert. Wir beginnen heute ein neues Kapitel in der Zivilluftfahrt. Und es gibt ab heute ein neue ‚Königin des Himmels', sie heißt A380!« »Königin des Himmels« ist in Airlinerkreisen ein feststehender Begriff, denn diesen Titel beanspruchte bis dahin Boeings 747, als »Queen of the Skies«.

»Tut mir leid für die 747«, ergänzt der SIA-Chef ohne Mitleid. »Der Jumbo ist ein gutes, aber kein völlig neues Flugzeug. Die Zeit schreitet nun mal voran. Die A380 passt in Gegenwart und Zukunft. Wir haben ihre Nutzlast- und Reichweitenvorgaben mitbestimmt und die prozentuale Verbesserung gegenüber den Kosten heutiger Muster festgeschrieben. Bei den Lärmwerten wollten wir die strengsten Standards weltweit unterbieten. Ich danke Airbus, dass sie ein Flugzeug liefern, welches sämtliche Vorgaben einhält oder übertrifft.« Ein solches Lob aus dem Mund des SIA-Chefs dürfte bei Airbus doppeltes Gewicht haben. Schließlich betreiben die als technologisch sehr fortschrittlich bekannten und anspruchsvollen Asiaten neben der A380 seit Jahren und unter anderem auch noch die besagte Boeing 747 und deren zweistrahlige, modernere kleine Schwester, die 777.

Dann wird die SIA-A380 zur Besichtigung freigegeben. Zunächst führt Chew Choon Seng Thomas Enders und John Rose durch eine Fluggastbrücke ins Innere seines Riesen, um die neuartige Kabineneinrichtung mit 471 Sitzen vorzustellen. Wesentlich weniger als die von Airbus mittlerweile mit 520 Sitzen angegebene Standardbestuhlung für Langstrecken. Kameras übertragen den Rundgang live in den benachbarten Festsaal. So wie SIA ihre Handschrift beim Grundentwurf der A380 hinterließ, so findet man neuartige Desgin-Details auch im Inneren. Auffälligste Neuerung ist die neue Luxuskabine der Suites Class im Bug des Hauptdecks. Noch luxuriöser als die herkömmliche Erste Klasse hat die Suites Class einen eigenen Buchungscode bekommen, »Klasse R«, den gleichen Code, den einst die Concorde (»Rapide«) für sich nutze. Suiten bedeutet, dass jeder dieser maximal zwölf Passagiere dieser Klasse in einer Art kleinem Zimmer sitzt. In einer Kabine ohne Dach aber mit hohen Seitenwänden, so dass man ungestört von fremden Blicken in seinem Luxussessel thronen kann. Nur vier Suiten pro Reihe sind über das weitläufige A380-Hauptdeck verteilt. Auf die gleiche Breite passen weiter hinten, in der Economy Class, auch bequem zehn Sitze nebeneinander. Die hellbraunen und mit Holzpanelen dekorierten Suiten verfügen über einen 58 Zentimeter breiten Ledersessel. Von dort kann man direkt auf seinen gigantischen persönlichen Fernseher und Monitor blicken, Diagonale: 58 Zentimeter. Neben 100 Kinofilmen kann man sich auf Abruf auch die Musik von 700 CDs oder 22 Radiokanälen anhören oder Computerspiele spielen. Wer lieber arbeitet, kann einen großen Tisch ausklappen und auf dem Bildschirm Office-Bürosoftware nutzen, für die sogar eine kleine Tastatur zur Verfügung steht. In jeder Suite ist soviel Platz, dass man sich, zum Beispiel zum Essen, noch einen Besucher einladen kann. Er findet eine Sitzgelegenheit auf einer Art Hocker am Fußende der Suite. Der eigentliche Clou der Suiten zeigt sich aber erst zur Schlafenszeit. Normalerweise lassen sich die modernsten Sessel der First- und Business Class durch eine komplizierte Mechanik und bis zu zwei Dutzend Elektromotoren pro Sitz in völlig flache Ruheflächen verwandeln. Nachteil dieser Lösung war allerdings teilweise, dass empfindliche Rücken, wie beim Märchen von der Prinzessin auf der Erbse, die komplizierte Mechanik in der Rückenlehne zu spüren glaubten. Dem begegnet SIA nun mit einem völlig neuen Ansatz, einer separaten eigenen Matratze für jeden Suites-Passagier. Entlang der Seitenwand ist nämlich in einem unauffälligen flachen Schrank diese Schlafstatt verborgen. Wenn der Passagier ruhen möchte, lässt sich diese 1,98 Meter lange und 69 Zentimeter breite Matratze, die ohne jede Gelenke,

Den 14 Passagieren der Ersten Klasse stehen, nach Anmeldung beim Chefsteward, bei Emirates in der A380 zwei Duschräume im vorderen Oberdeck zur Verfügung. Das »Shower Spa« darf jeweils 20 Minuten genutzt werden.

Materialstöße oder Nähte auskommt, einfach hervorschwenken.

»Unsere Suiten sind für Reisende konzipiert, die keinerlei Kompromisse beim Sitzen und beim Schlafen wünschen«, erläutert Chew. »Das setzt einen neuen Standard in der Linienluftfahrt. Dafür können wir die Suiten aber auch 20 bis 25 Prozent teurer verkaufen als eine normale First Class«, rechnet der Vorstandschef vor. Als besonderes Schmankerl kann man jeweils zwei benachbarte innere Suiten (zwischen den beiden Kabinengängen) auf Wunsch zu Doppelsuiten zusammenlegen. Dann wird die sonst unüberwindliche Trennwand zwischen den Suiten abgesenkt und eine »Flitterwochen-Suite« entsteht. Bei der Übergabe hatte SIA diese Konfiguration mit Doppelbett, Rosenblättern und Champagnergläsern präsentiert. Weil sie die Leidenschaften vieler Beobachter in ungeahnt amouröse Fantasien gelenkt hatten, mussten die Singapurer noch Wochen lang klarstellen, dass man an Bord aber keine wirklichen Flirts zu beherbergen wünsche. Übrigens gibt es in der Suites Class der A380 bei Singapore Airlines keine Bar, wie sie von Airbus im originalgroßen Rumpfmodell des Mock-up Centers für die A380 vorgeschlagen worden war. Stattdessen bringen die Flugbegleiter dem Passagier alles in seine Suite.

Mit der A380 führte Singapore Airlines eine neue Klasse ein. Die Passagiere der »Suites Class«, Buchungscode »R«, sitzen in geräumigen Einzelkabinen. Bei Nacht wird eine komplette Matratze über den Passagiersessel und einen Gästesitz geschwenkt.

Wenn man zuerst die spektakulären Suiten gesehen hat, kommen einem die im Branchenvergleich ebenfalls verschwenderischen 60 Luxussessel der Business Class in ihren Viererreihen am Anfang des Oberdecks fast bescheiden vor. Dabei sind sie derartig breit, dass man wohl auch jeweils zu zweit nebeneinander darauf passen würde. Man kann sie in völlig flache Schlafflächen verwandeln und liegt dann darauf diagonal. Im Gang zwischen den beiden ersten Oberdecktüren hat sich SIA eine Stehbar für die Gäste der Business Class einrichten lassen. Während des Fluges werden hier Getränke und kleine Speisen angeboten, falls etwa jemand mitten in der Nacht Heißhunger verspürt. Die vordere Treppe ins Hauptdeck ist durch eine breite Blende verdeckt. Nur an den beiden Seiten kommt man daran vorbei. Bei plötzlichen Turbulenzen kann also kein Oberdeckpassagier unabsichtlich die Treppe herabstürzen. Außerdem wird die Treppenschräge im Flug, wenn die Flugzeugnase leicht über den Horizont zeigt, flacher und noch sicherer, als am Boden. In der Bugspitze des Oberdecks gibt es in Flugrichtung rechts eine große Garderobe mit Schränken und auf der linken Seite der Treppe ein zusätzliches WC.

Schließlich fehlen noch die Bereiche der Economy Class. Ihre 399 Sessel stehen in Zehnerreihen im hinteren Haupt- und im hinteren Oberdeck. Auch diese Sitze sind ein klein wenig breiter, als die Economy-Sitze in einem Jumbo-Jet. Ihr Trumpf ist aber vor allem der sehr große Monitor des Bordunterhaltungssystems mit 27 Zentimeter Bildschirmdiagonale. In der Business Class sind die Monitore sogar 39 Zentimeter groß. Am hinteren Kabinenende verbindet eine Wendeltreppe, kurz vor dem Druckschott, beide Etagen. Zusätzlich gibt es in beiden Küchen Speiseaufzüge für komplette Essenswagen.

Im hinteren Hauptdeck in Reihe 47 scheint ein Passagiersitz zu fehlen. Hat Airbus einen Sitz vergessen? Natürlich nicht, hier befindet sich die, nur an einer kleinen Naht im Teppich erkennbare, Notausstiegsluke des Ruheraums der Flugbegleiter. Sie schlafen im Unterdeck, dem Frachtdeck in einem separaten Bereich, den man über eine schmale Treppe aus einer der Küchen erreicht. Auch in der oberen hinteren Küche hat SIA sich noch ein Schlafabteil für Flugbegleiter einbauen lassen. Austauschpiloten ruhen dagegen direkt hinter dem Cockpit, in einem Bereich, der den Passagieren verborgen bleibt. Hier vorne, hinter einer Panzertür, gibt es zwei Schlafkabinen. Jede hat ein flaches Bett und einen komfortablen Sessel mit Zugang zum Unterhaltungssystem. Daneben befindet sich noch die eigene Pilotentoilette.

Heute sitzt im Cockpit SIA-Kapitän und SIA-A380-Chefpilot Robert Ting. Wie am Fließband kommen Fernsehteams und Journalisten in »sein« Cockpit und wollen sich alle Schalter und Knöpfe erklären lassen. Ting freut sich schon auf den ruhigeren nächsten Tag. Dann geht es mit der völlig leeren A380 und nur einer kleinen Grundbesatzung nach Singapur, wo zunächst eine interne Feier für die SIA-Mitarbeiter stattfindet. Ting kennt die A380 von zahlreichen Flügen bereits aus dem Effeff. Man merke bei der A380 kaum einen Unterschied zu anderen Flugzeugmustern. Nur beim Anrollen verrate sich die höhere Masse durch mehr Schubbedarf. Weil die A380 noch ein ganz neues Flugzeugmuster ist, entsendet Airbus in den ersten 14 Tagen des Flugbetriebs noch Cheftestpilot Claude Lelaie und fünf weitere Testpiloten als Beobachter nach Singapur. Auch Airbus-Techniker reisen für die Startphase mit.

Zu den Gästen der Eröffnungsfeier gehört auch Flugkapitän Jürgen Raps, frisch ernannter Vice President Operations bei Lufthansa, also Flugbetriebsvorstand. Er gehört zu vier bereits A380-qualifizierten Piloten bei Lufthansa. »Eigentlich ist das heute hier ja unsere A380«,witzelt Raps. »Schließlich sollte Lufthansa ja ursprünglich ihre erste A380 im September 2007 erhalten«, spielt er scherzhaft auf die Lieferverzögerungen bei Airbus an. Auch Raps ist vom Flugzeug überzeugt: »Fliegerisch ist sie überhaupt kein Problem. Die fliegt sich sehr sportlich und ist sehr wendig.« Kapitän Raps sollte seine erste A380 bei Redaktionsschluss im Herbst 2009 in Hamburg übernehmen. Denn dort befindet sich bekanntlich das zweite A380-Auslieferungszentrum, von dem alle Kunden in Europa und im Nahen Osten beliefert werden. Dazu gehört auch der größte A380-Kunde Emirates. Die erste Übergabe an Emirates, den größten A380 Kunden, und gleichzeitig die erste A380-Übergabe in Deutschland fand am 28. Juli 2008 in Hamburg-Finkenwerder statt:

Gerade hat Scheich Achmed (Mitte) Thomas Enders und Louis Gallois durch die Kabine der ersten Emirates-A380 geführt. Jetzt stellen sich alle den Fragen der Presse.

Premiere in Hamburg
Die erste Übergabe an Emirates

Mit dem Zeigersprung um zehn Uhr beginnt vor den versammelten Ehrengästen im neuen Airbus-Auslieferungszentrum die erste A380-Übergabezeremonie an der Elbe. Der wichtigste A380-Kunde, Emirates, übernimmt hier und jetzt seinen ersten seiner bisher 58 fest bestellten Riesenjets. Hierfür ist Finkenwerder ausgebaut worden, hierfür hat man in Hamburg jahrelange Erweiterungsdebatten und Gerichtsprozesse in Kauf genommen, die Startbahn verlängert, das Erweiterungsgelände Mühlenberger Sand angeschwemmt und bebaut und das Personal geschult. Die A380, aktueller Listenpreis 327 Millionen Dollar, ist von der kühnen Vision zur Wirklichkeit geworden und macht mittlerweile erfolgreich dem Jumbo Jet Konkurrenz. Trotz kostspieliger Verkabelungsprobleme, trotz zweijähriger Verspätungen bei den Auslieferungen wird heute ein Ingenieurtraum wahr. Das größte Verkehrsflugzeug der Welt wird in Hamburg übergeben.

Pierrejean hat für Emirates schon in den 90er Jahren die ersten Suiten erfunden, für die A340-500. »1998 habe ich die Suiten Tim Clark vorgeschlagen. Damals haben uns alle gesagt, solche Suiten seien nur sehr schwer zu vermarkten. Heute haben auch SIA und Jet Airways Ähnliches, und weitere Airlines werden nachziehen. Dann haben wir ‚Mood Lighting' eingeführt, also eine farbige Kabinenbeleuchtung für stimmungsvolles Licht und eine Sternenhimmel-Beleuchtung an der Kabinendecke.« Als Nächstes rechnet Pierrejean mit der Ausstattung aller Buchungsklassen mit flachen Schlafbetten. »In der Zukunft könnte man noch einen eigenen Restaurantbereich nur zum Essen einführen, und ich träume schon lange von einem Fitnesscenter an Bord.« Gleichzeitig will der Kabinendesigner das Unterhaltungssystem auf drahtlose Technik umstellen, um das Gewicht der Kabinenverkabelung einzusparen.

Gewichtseinsparung ist und bleibt bei der A380 ein wichtiges Thema. »Leichter heißt teurer«, fasst der

Bei der feierlichen ersten Übergabe an Emirates bilden 2300 Airbus-Mitarbeiter aus 58 Nationen in Finkenwerder ein Ehrenspalier.

Vater der A380, Jürgen Thomas, bei der Emirates-Übergabe zusammen. »Jede zweite Rippe im Flügel ist mittlerweile aus Kohlefaser. Außerdem haben wir bei Fahrwerk und Triebwerkspylonen mehr Titan verwendet.« Dank ihres 845 Quadratmeter großen Flügels könne man die A380 ohne Reichweiteneinbußen später noch »um 101 Sitze« verlängern. Natürlich bedeute diese Zukunftsinvestition auch, dass die kleinere Anfangsversion, die A380-800, etwas zu viel Struktur mitschleppe.

Um zwei bis drei Tonnen Masse will Airbus die A380 bis 2012 noch abspecken. Emirates-Präsident Tim Clark wünscht sich sogar vier bis fünf Tonnen. »Wir möchten ab 2011/2012 mit voller Passagierlast und noch etwas Fracht bei Hitze von Dubai nach San Francisco starten. Später auch nach Houston und Südamerika. Die Triebwerke liegen beim Verbrauch schon ein Prozent besser als die Planungen«, freut sich der Airline-Chef. 2,9 Liter Treibstoff pro Passagier verbrauche die A380 auf 100 Kilometer. Ihre vier GP7200-Triebwerke verschaffen der A380 den doppelten Startschub eines achtstrahligen B-52-Bombers. 1036 Kubikmeter Luft saugt jedes GP7200 bei Startleistung pro Sekunde ein. Umgerechnet 177 736 PS entwickelt dabei jedes Triebwerk und erfüllt trotzdem die weltstrengsten Lärmstandards: QC2 beim Start und QC0.5 bei der Landung. Der Nachtbetrieb in London-Heathrow ist damit zugelassen.

Emirates will bis zum Frühjahr 2009 bereits fünf A380 übernommen haben. Wann genau die Übergaben stattfinden, wollte Airbus nicht verraten, noch nicht einmal den Termin für die nächste, in Toulouse zu übergebende A380-841, MSN014, für Qantas. Noch immer steht der Flugzeughersteller unter Termindruck. Die Hamburger Inneneinrichtung leidet weiterhin unter verschleppten Nacharbeiten von Zulieferern, die das ursprünglich geplante Arbeitspensum verspäten. Deshalb arbeiten die 350 Kabineneinrichter in Hamburg und ihre 50 Führungskräfte derzeit statt an fünf Tagen pro Woche mit Zweischichtbetrieb an sieben Tagen, wobei am Wochenende eine Schicht arbeitet. Statt später einmal bei 20 Tagen pro Kabineneinrichtung liegt man derzeit noch bei 40 bis 35 Tagen. Vier A380 befanden sich am 28. Juli in Hamburg zur Inneneinrichtung: eine für SIA, eine für Qantas und zwei für Emirates.

Die erste Emirates-A380 flog am 29. Juli mit Ehrengästen und Journalisten von Finkenwerder nach Dubai. Anfang August begann der Dienst dreier wöchentlicher Flüge nach New York. Nach dem Eröffnungsflug unternahm die Emirates-A380 noch zwei Abstecher nach San Francisco und Los Angeles. Als nächste A380-Linienziele waren von Emirates London, Auckland und Sydney angekündigt. Ende 2009 erwartet Hamburg die nächsten feierlichen Auslieferungen an Lufthansa und Air France als A380-Schlüsselkunden.

198 Festbestellungen von 16 Gesellschaften

Die Kunden

Die Logos aller A380-Kunden zierten während der Singapore Airshow 2008 den Rumpf des ausgestellten Großraumflugzeugs.

Airbus hat den neuen Großraumriesen in engem Schulterschluss mit potenziellen Kunden entwickelt. Mehr als 20 Fluggesellschaften standen dem Flugzeugbauer kontinuierlich mit Rat und Druck zur Seite und halfen bei der Definition des Flugzeuges. Zu den beratenden Airlines gehörten unter anderem Air Canada aus Kanada, Air France aus Frankreich, British Airways aus England, Cathay Pacific aus Hongkong, KLM aus den Niederlanden, All Nippon Airways aus Japan, QANTAS aus Australien, Japan Airlines, die Deutsche Lufthansa, die Frachtfluggesellschaften FedEx und Atlas Air aus den USA sowie die Leasinggesellschaft ILFC, die ihren Sitz in Los Angeles hat. Diese Zusammensetzung des Gremiums garantierte eine große Bandbreite von Meinungen, da die Fluggesellschaften aus allen Regionen mit unterschiedlichen Betriebsphilosophien vertreten waren. Mit Ausnahme von FedEx waren alle Fluglinien auch Betreiber von Boeing 747 und verfügten damit über ein Streckennetz, auf dem der spätere Einsatz von A380 auch möglich war.

Vertreter der Fluggesellschaften trafen sich erstmalig im Juni 1995 im südfranzösischen Städtchen Carcassonne. Die Einladung an die Gesellschaften, in der Beratungskommission »Advisory Board« mitzuarbeiten, bedeutete nicht, dass sie gleichzeitig verpflichtet waren, das neue Muster auch zu kaufen. Aber die Mitglieder des Boards hatten die Möglichkeit, das Flugzeug nach ihren Bedürfnissen und Vorstellungen zu definieren und kannten den neuen Vierstrahler besser als alle anderen Fluglinien. Deshalb ist es wenig überraschend, dass die ersten Aufträge für die A380 auch von Fluggesellschaften kamen, die aktiv in der Beratergruppe tätig waren. Außerdem erhielten die ersten A380-Kunden, die so genannten Launching Customers, auch einen kräftigen Rabatt auf den Kaufpreis. Seriöse Quellen gehen davon aus, dass sie zum Teil einen Rabatt von bis zu 40 Prozent auf den Listenpreis erhalten haben. Zu den Erstkunden gehören die renommiertesten Fluggesellschaften der Welt. Sie bestätigten mit ihren Bestellungen, dass es einen Markt für ein Flugzeug dieser Größenordnung gibt. Zum Zeitpunkt des Erstfluges hatte Airbus mit 154 Bestellungen bereits mehr als die Hälfte der Orders im Auftragsbuch stehen, die damals notwendig erschienen, um das Programm in die Gewinnzone zu bringen. Durch die Kabelkrise und die verspätete Auslieferung der A380 rutschte die Zahl der verkauften Flugzeuge, ab der man Airbus auch Gewinn aus dem A380-Programm zieht, in Richtung der 400er-Marke.

Singapore Airlines (SIA) bestellte zwar nicht als erste Gesellschaft die A380, aber sie stellte als erste Fluglinie das neue Muster nach der Zulassung in Dienst. Zunächst waren nur die ersten vier Produktionsflugzeuge für SIA reserviert. Am Ende gingen jedoch die ersten fünf A380 an Singapore Airlines. Der im südasiatischen Stadtstaat beheimatete Langstreckencarrier hatte am 16. Juli 2001 zehn Airbus A380 fest bestellt und Optionen für 15 weitere unterzeichnet. Als Triebwerk hat SIA das Trent 900 des britischen Herstellers Rolls-Royce ausgewählt. Singapore Airlines war immer stolz darauf, als erste Gesellschaft weltweit die A380 einzusetzen und kommunizierte das zum Beispiel beim Reveal des Flugzeuges im Januar 2005 in Toulouse mit entsprechenden Aufklebern und Tragetaschen, auf denen der Spruch: »First to Fly A380 Singapore Airlines – Experience The Difference In 2006« (auf deutsch: »Singapore Airlines ist die erste Gesellschaft, die die A380 fliegen wird, erleben Sie den Unterschied ab 2006«). Damals glaubten alle Beteiligten noch, dass die A380 ab 2006 ausgeliefert würde. Die A380 spielt in der Wachstumsstrategie der Gesellschaft eine zentrale Rolle. Der Hauptgeschäftsführer der Airline, Chew Choon Seng, sagte 2005: »Die A380 ermöglicht uns, die Kapazität auf den weltweit am strengsten mit Slots beschränkten Flughäfen zu erhöhen. Dies allein zeigt, wie überlebenswichtig das Flugzeug für unsere Zukunft ist.«

Singapore Airlines machte um die Innenausstattung der A380 ein großes Geheimnis, das sie erst mit der Indienststellung lüftete. Auf der Basis am Changi Airport in Singapur stand ein Kabinenmodell, der A380 für das Besatzungstraining, das wie in ein Hochsicherheitstrakt bewacht wurde.

Als einer der Erstkunden hat auch Singapore Airlines einen guten Rabatt auf die Flugzeuge erhalten, aber wurde natürlich von den Verzögerungen bei den Auslieferungen mit am stärksten betroffen. Zunächst war geplant, die Flugzeuge im zweiten Quartal 2006 auszuliefern, doch sah es im Spätsommer 2005 so aus, als wenn die Lieferungen erst ein halbes Jahr später beginnen würden. Auch dieses Datum konnte Airbus nicht halten. Singapore Airlines übernahm die erste A380 schließlich erst am 15. Oktober 2007!

Die Fluggesellschaft ist ein ausgeprägter Langstreckenspezialist mit einer Flotte von 15 Boeing 747-400 und 77 Boeing 777 verschiedener Versionen (Stand: Juli 2008) und befliegt zum Beispiel mit fünf Airbus A340-500 die längsten kommerziellen Strecken der Welt, nämlich nonstop von Singapur nach Los Angeles und von Singapur nach New York. Auf diesen Routen soll das neue SIA-Flaggschiff später auch zum Einsatz kommen. Die ersten Nonstop-Verbindungen aus Singapur mit der A380 führten aber nach Sydney, nach London, nach Tokio und im Vorfeld der Olympischen Sommerspiele 2008 auch für eine Woche nach Peking.

Die erst 2003 gegründete Fluggesellschaft Etihad aus den Vereinigten Arabischen Emiraten hat zehn A380 fest bestellt.

Thai Airways will mit ihren A380 von Bangkok nach Australien und Europa fliegen.

Die australische QANTAS war mit ihrer Bestellung schneller als Singapore Airlines. Sie unterschrieb bereits am 29. November 2000 als erste Fluggesellschaft weltweit Kaufverträge für den Airbus-Riesen. Die A380 waren die ersten Airbus-Jets, die QANTAS je bestellt hatte. Sie verpflichtete sich, zwölf Flugzeuge fest abzunehmen und sicherte sich Lieferpositionen für weitere zehn Megaliner. Im Oktober 2006 wandelte die Gesellschaft acht ihrer Optionen in Festbestellungen um und unterschrieb Optionen für zwei weitere A380, so dass sie insgesamt 20 A380 fest bestellt hat und vier Optionen hält. QANTAS hat traditionell gute Beziehungen zu Rolls-Royce, so war es wenig überraschend, dass sich die Australier ebenfalls für das Rolls-Royce Trent 900 als Antrieb entschieden. Ursprünglich wollte QANTAS ihre A380 im dritten Quartal 2006 übernehmen, um sie auf ihren starken Strecken nach London-Heathrow und in die USA einzusetzen, doch die Verzögerungen trafen auch QANTAS. So übernahmen die Australier schließlich erst am 19. September 2008 ihre erste A380. Der damalige QANTAS-Boss Geoff Dixon sagte trotzdem zur A380: »Der Airbus A380 wird den Luftverkehr in der gleichen Art und Weise revolutionieren wie es die Boeing 747 in den siebziger Jahren getan hat.« QANTAS wird mit einer Bestuhlung von 450 Fluggastsitzen

(14 First Suites, 72 Business Class, 32 Premium Economy und 332 Economy) deutlich unter der typischen Sitzplatzkapazität von 555 bleiben.

Die in Dubai in den Vereinigten Arabischen Emiraten beheimatete Fluggesellschaft Emirates ist mit Abstand der größte Kunde für die A380. Die arabische Gesellschaft hat nicht weniger als 58 A380 in der Passagierausführung geordert. Ursprünglich hatte sich die Gesellschaft auch verpflichtet, zwei A380-Frachter abzunehmen, musste diese Bestellung aber aufgeben, als Airbus das Frachter-Programm auf Eis legte. Zunächst hatte Emirates »nur« 20 Flugzeuge bestellen wollen, aber bei der Bestätigung der Kaufabsichtserklärungen im November 2001 und am 16. Juni 2003 erhöhten die Araber ihre Bestellungen auf 43 A380. Im November 2007 erhöhte Emirates ihre Bestellung auf 58 A380. Zusätzlich bekundeten sie ihre Absicht, zwei weitere Flugzeuge von ILFC zu leasen. Für die Engine Alliance war der Auftrag von Emirates zur Lieferung der Triebwerke ein wichtiger Meilenstein. Emirates ist die am schnellsten wachsende Fluggesellschaft der Welt, die erst 1985 den Flugbetrieb aufnahm. Mit ihrer geografisch günstigen Heimatbasis am Persischen Golf liegt sie sehr gut platziert zwischen den wichtigen Passagier- und Frachtmärkten Asiens einerseits und Europa und Amerika andererseits.

Am 28. Juli 2008 übernahm Scheich Ahmed bin Saeed Al-Maktoum von Airbus-Chef Tom Enders in Hamburg die erste A380 für seine Gesellschaft. Er sagte: »Die A380 wird das Flaggschiff unserer Flotte sein. Sie repräsentiert exakt die Philosophie von Emirates, denn höchste Qualitätsstandards und stetige Innovation für unsere Kunden sind eine der Wurzeln für unseren Erfolg! Gleichzeitig ist dieses Flugzeug Beleg für die hohe Wertschätzung, die europäische und insbesondere deutsche Produkte in den Vereinigte Arabischen Emiraten genießen.« Schon vier Tage später startete das Flugzeug in Dubai zum ersten kommerziellen Linienflug für Emirates mit der Flugnummer EK3801 nach New York.

Emirates wird die A380 mit drei verschiedenen Bestuhlungen betreiben. Die Version mit der dichtesten Bestuhlung (604 Sitze bei Zweiklassen-Layout) ist für kürzere Strecken bestimmt, zum Beispiel für Indien-

China Southern wollte ihre A380 ursprünglich vor den Olympischen Sommerspielen in Peking übernehmen.

Die Leasinggesellschaft ILFC hatte die A380 zunächst als Frachter und als Passagierflugzeug bestellt.

Routen, während die zweite Bestuhlungsvariante (525 Sitze im Dreiklassen-Layout) für Mittelstrecken gedacht ist. Ausschließlich auf den Langstrecken zum Einsatz kommt die dritte Bestuhlungsvariante zum Einsatz. Bei ihr finden 490 Passagiere Platz: Die Fluggäste der First und Business Class im Oberdeck, die Fluggäste der Economy Class auf dem Hauptdeck. Doch Emirates will mehr: Timothy C. Clark, Präsident von Emirates, sagte schon 2004, das Wachstum seiner Gesellschaft rechtfertige bereits den Einsatz einer gestreckten A380. Die Gesellschaft würde auch gerne ihre Bestellung auf 110 Flugzeuge verdoppeln, wenn die entsprechende Kapazität am Flughafen in Dubai vorhanden sei.

Zu den Airlines, die früh mit Airbus Lieferverträge abgeschlossen haben, gehört die Air France. Am 18. Juni 2001 gab der Carrier die Bestellung von zehn Airbus A380 bekannt. Zusätzlich sprach die französische Fluglinie Kaufabsichtserklärungen für vier weitere A380 aus. Später erhöhte Air France die Bestellung um zwei Flugzeuge. Sie sieht die A380 in ihrer Passagierflotte als Ablösung der Boeing 747-400 auf Interkontinentalstrecken mit hohem Passagieraufkommen. Die Gesellschaft hatte sich mit Airbus auf eine Verschiebung der Liefertermine in den Frühsommer 2007 geeinigt, aber dieser Termin ist nun in das Jahr 2009 gerückt. Auf der Pressekonferenz direkt vor der Vorstellung des neuen Flugzeuges im Januar 2005 in Toulouse verriet der Air-France-Vorstandsvorsitzende Jean-Cyril Spinetta die Bestuhlung der A380. Demnach wird Air France 538 Fluggastsitze in der A380 installieren: neun in der Ersten Klasse, 80 in der Busi-

Korean Air erhöhte die Zahl ihrer A380-Festbestellungen im Februar 2008 um drei auf acht Flugzeuge.

ness Class und 449 in der Economy Class. Spinetta verriet auch die ersten Destinationen, zu der Air France mit ihrem neuen Muster starten will: New York und Montreal.

Als die arabische Fluggesellschaft Etihad Airways im Juli 2004 ihre Absicht verkündete, vier Airbus A380 fest bestellen zu wollen, horchte die Fachwelt auf. Ethiad war erst ein Jahr zuvor als nationale Fluggesellschaft von Abu Dhabi, einem der Vereinigten Arabischen Emirate, gegründet worden. Sie versteht sie sich als multikulturelle Fluggesellschaft. Ihre Mitarbeiter kommen aus mehr als 50 Nationen. Die Start-up-Airline hat selbstredend eine der jüngsten und modernsten Flotte der Welt und betrieb im Sommer 2008 die Airbus-Muster A300 (2), A319 (2), A320 (4), A330-200 (14), A340-300 (1), A340-500 (4), A340-600 (3), Boeing 777-300ER (5) sowie eine Boeing 767.

Zunächst war geplant, dass ab 2007 die ersten A380 in Etihad-Lackierung in den Liniendienst gehen. Dazu wollte man zwei A380 aus der Testflotte übernehmen. Diese Pläne erwiesen sich jedoch als Makulatur. Airbus konnte die Liefertermine nicht halten. Ethiad revidierte daraufhin seine A380-Pläne, nahm von der Lieferung der Testflugzeuge Abstand, stornierte die Bestellungen über vier Flugzeuge und unterschrieb stattdessen im Juli 2008 einen Kaufvertrag über zehn A380 sowie einen Vertrag über fünf Optionen und fünf weitere Kaufabsichtserklärungen.

Kurz vor dem Reveal der A380 gab es im Januar 2005 Gerüchte in der Szene, eine chinesische Fluggesellschaft wolle die öffentliche Aufmerksamkeit der A380-Premiere nutzen, eine Bestellung bekanntzugeben. Dies geschah nicht, was wiederum in der Finanzpresse zu Diskussionen führte, ob China nun nicht mehr an der A380 interessiert sei. Das war nicht der Fall, die Verträge waren zu diesem Zeitpunkt einfach noch nicht zu Ende verhandelt. Knapp zwei Wochen nach der Vorstellung des Flugzeuges gaben die China Southern Airlines Group und Airbus bekannt, dass China Southern fünf Airbus A380 fest bestellt habe und Kaufabsichtserklärungen für fünf weitere abgegeben habe. Die Lieferung der Flugzeuge werde pünktlich vor den Olympischen Spielen in Peking 2008 erfolgen. Das war zumindest geplant. Nun wird China Southern ihre erste A380 (MSN031) wohl nicht vor Ende 2009 erhalten.

Im Oktober 2003 entschied sich der nach desaströsen Jahren wieder aufstrebende Carrier Korean Air

Die Deutsche Lufthansa wird ihre A380 auf dem Rhein-Main-Airport in Frankfurt stationieren.

zum Kauf von fünf Airbus A380 und zur Abgabe von fünf Optionen. Die in der Republik Südkorea beheimatete Fluglinie ist eines der Gründungsmitglieder der Airline-Allianz SkyTeam und verfügte Mitte 2008 über 126 Flugzeuge. Die Gesellschaft will mit dem Kauf die Rolle des neu erbauten Flughafens Incheon als Drehkreuz Nordostasiens stärken. Die A380 sollen ihr bei der Erfüllung des Ziels helfen, bis 2010 unter die führenden zehn Fluggesellschaften der Welt zu kommen. Korean Air erhält ihre erste A380 voraussichtlich 2010. Am 19. februar 2008 gab die Fluglinie während der Singapore Airshow in Singapur bekannt, dass sie ihre A380-Festbestellung um drei Flugzeuge auf acht erhöht. Diese neu georderten drei Flugzeuge sollen 2012 und 2013 geliefert werden und auf Flügen an die US-Ostküste und nach Europa zum Einsatz kommen. Als Triebwerkslieferant wählte Korean Air die Engine Alliance aus. Die Entscheidung für das GP7200 fiel kurz vor der Paris Air Show im Juni 2005 und wurde am 14. Juni auf der Luftfahrtmesse in der französischen Hauptstadt bekannt gegeben. Korean Air hat zunächst 23 Triebwerke bestellt, also 20 als Einsatzplus drei Reserveaggregate.

Obwohl die Deutsche Lufthansa offiziell noch zu den Erstkunden der A380 zählt, entschied sie sich erst zu einem Zeitpunkt für das Flugzeug, wo die Rabatte für die Erstkunden beinahe schon abgelaufen waren, nämlich am 20. Dezember 2001. Sie bestellte 15 A380 fest und sprach keine weiteren Optionen aus. Für Airbus war dieser Auftrag zu diesem Zeitpunkt von höchster Bedeutung, denn gerade drei Monate zuvor, am 11. September 2001, hatten die Attentate von New York, Washington und Pennsylvania stattgefunden und den Luftverkehr in eine seiner tiefsten Krisen gestürzt. Als Antrieb wählte auch Lufthansa das Rolls-Royce Trent 900 aus. »Wir lassen dieses Mal die anderen die Kinderkrankheiten ausbügeln«, sagte ein Lufthansa-Manager einem der Autoren dieses Buches.

Die Lufthansa prüft bis zu 18 Destinationen, zu denen die neuen Flugzeuge geschickt werden sollen. In Deutschland wird die Lufthansa nur zwei Flughäfen

Alle Kunden aus Asien übernehmen ihre neuen A380 in Toulouse.

mit A380 bedienen: Frankfurt und München, wobei Frankfurt mit einer eigenen A380-Werfthalle die Homebase der Flotte bilden wird. Zu den von der Lufthansa untersuchten 18 Airports weltweit gehören unter anderem New York John F. Kennedy, Miami, Washington Dulles, Chicago O'Hare, San Francisco, Los Angeles, Mexiko Stadt, Peking, Narita, Hongkong, Bangkok, Singapur, Shanghai, Delhi, Bombay und Johannesburg. Zusätzlich muss die Gesellschaft Ausweichflughäfen auf ihre Kompatibilität mit der A380 untersuchen, um einen reibungslosen Verkehr mit dem Flugzeug zu garantieren. Bei der Vorstellung der A380 am 18. Januar 2005 in Toulouse sagte der Lufthansa-Vorstandsvorsitzende Wolfgang Mayrhuber, mit der Einführung der A380 werde die Lufthansa wieder auf allen fünf Kontinenten vertreten sein. Ob das ein Hinweis darauf war, dass die Lufthansa mit der A380 eines Tages auch wieder Australien anfliegen wird? Zunächst war vorgesehen, dass die Lufthansa im letzten Quartal 2007 ihre erste A380 übernehmen wird. Da sich aber der Produktionshochlauf nicht nach Plan entwickelte, geht die Lufthansa nun von einer Lieferung ihrer ersten A380 im September/Oktober 2009 aus.

Penerbangan Malaysia Berhad ist die Konzernmutter von Malaysia Airlines. Ihre Vertreter setzten am 11. Dezember 2003 ihre Signaturen unter die Verträge für sechs Airbus A380. Malaysia Airlines betreibt zwar mit der Boeing 777 und der 747-400 sehr große Verkehrsflugzeuge, doch die Einführung der A380 bedeutet einen großen Sprung in der Geschichte der asiatischen Fluggesellschaft. Malaysia Airlines wird die Flugzeuge von ihrer Mutter leasen und will sie ab 2009 auf Strecken aus Kuala Lumpur heraus einsetzen. Malaysia begann nach Angaben ihres damaligen Geschäftsführenden Direktors, Dato Ahmad Fuaad Dahlan, bereits im Dezember 2004 mit einer Anzeigenkampagne zur Einführung des neuen Flugzeuges, also rund fünf Jahre, bevor die Gesellschaft ihr erstes Flugzeug dieses Musters erhält! Dahlan sagte: »Dieses technologische Wunder wird uns die sehr stark benötigte Kapazitätserweiterung auf unseren bestehenden Strecken bringen. Zudem ermöglicht uns das Flugzeug eine Maximierung unserer Präsenz in Schlüsselmärkten und unterstützt uns bei unserer strategischen Erweiterung unseres Netzwerkes. Dieses Muster wird unsere Heimatbasis, den Kuala Lumpur International Airport, als einen der besten Luftfahrt-

Malaysia Airlines entschied sich bereits 2003 für die A380. Ihre erste A380 hat die Werknummer MSN 018.

Air France wird die A380 voraussichtlich mit 538 Sitzen auf die Reise schicken.

Hubs in Asien stärken. Die A380 in unserer Flotte wird auch in den kommenden Jahren die Messlatte für das, was unsere Kunden an Bordkomfort und Service erfahren, noch weiter heben. Die A380 wird deswegen unser Flaggschiff und wir freuen und auf die Einführung in unseren Flugbetrieb.« Malaysia entschied sich für Rolls-Royce als Triebwerkslieferanten.

Qatar Airways ist mit fünf fest bestellten A380 und zwei Kaufabsichtserklärungen zwar einer der kleineren Kunden für den großen Airbus, aber dafür sollen die Passagiere an Bord der Qatar-Airways-Flugzeuge einen besonderen Luxus genießen. Keine Gesellschaft will eine so geringe Sitzplatzzahl in der A380 installieren wie Qatar Airways, verriet Akbar Al Baker, der CEO von Qatar Airways vor dem Reveal des Vierstrahlers in Toulouse den internationalen Pressevertretern. Al Baker: »Obwohl es noch Jahre dauert, bis wir unsere erste A380 erhalten, arbeiten wir bereits jetzt daran, eine spektakuläre Inneneinrichtung zu schaffen, damit unsere Passagiere an Bord eine einmalige Erfahrung machen. Wir glauben an Luxus für unsere Passagiere.« Bereits heute verwöhnt Qatar Airways seine Fluggäste mit einem Komfort, der arabische Gastfreundschaft in ihrer großzügigsten Form widerspiegelt. 2008 verfügte die Fluglinie über eine Flotte mit 65 Flugzeugen, davon 63 Airbus- und zwei Boeing-Airliner. Qatar wird die erste A380 2012 erhalten.

Wie sehr das am Persischen Golf gelegene Emirat die Pläne der Fluggesellschaft unterstützt, wird auch dadurch deutlich, dass in Doha im Januar 2005 mit dem Bau eines nagelneuen internationalen Flughafens begonnen wurde, der extra für die A380 ausgelegt wurde. 40 Prozent der Fläche des »New Doha International Airport« ringt der Wüstenstaat zunächst mühsam dem Wasser ab. Der Zeitplan für die Bauarbeiten schien ambitioniert und eng gesteckt, denn der neue Flughafen sollte kurz vor der Auslieferung der ersten A380 an Qatar Airways fertig sein. Durch die Lieferverzögerungen bei Airbus ist dieser Druck von den ausführenden Baufirmen genommen. Qatar

Airways unterschrieb ihre Bestellung am 9. Dezember 2003. Als eine der ersten Strecken ist Doha–London vorgesehen. Qatar hatte sich zum Redaktionsschluss dieses Buches noch nicht für ein Triebwerksmuster entschieden.

Um die Bestellung der A380 durch Thai Airways International gab es im Vorfeld einigen Wirbel, der nichts mit der Luftfahrt zu tun hatte. Die thailändische Regierung verhandelte 2004 mit der Europäischen Union über die Shrimp-Exportquoten nach Europa. Thai Airways International hatte zwar vorab schon angekündigt, sie beabsichtige, sechs A380 fest zu bestellen, doch wurde die Unterschrift solange nicht geleistet, wie die Shrimpquoten nicht ausgehandelt waren. Im August 2004 hatten sich Thailand und die EU schließlich geeinigt und Thai durfte die Kaufverträge unterschreiben. Als Liefertermin war zunächst der Zeitraum »Ende 2008/Anfang 2009« vorgesehen. Dieser Termin war aber aus vielfachen Gründen nicht zu halten. Von Bangkok aus sollen die ersten Thai-Airways-A380 ab 2011 nach Australien und Europa fliegen.

Es gibt kaum charismatischere Airline-Chefs als den britischen Multimilliardär Richard Branson von Virgin Atlantic Airways. Branson unterschrieb schon sehr früh, nämlich im April 2001, Verträge für sechs A380 und sechs Optionen. Nach Problemen bei der Indienststellung des Airbus A340-600 in der Virgin-Flotte verhandelte Branson mit Airbus über eine Verschiebung der zunächst vereinbarten Liefertermine für die A380 vom Mai 2006 zum Dezember 2007. 2006, als das ganze Ausmaß der Produktionsverzögerungen bei Airbus bekannt wurde, einigte man sich darauf, die ersten Flugzeuge erst 2013 zu überneh-

Kingfisher ist eine stark expandierende indische Fluggesellschaft.

Qatar Airways will ihre A380-Passagiere mit einer spektakulären Inneneinrichtung verwöhnen.

Virgin Atlantic verschob die Liefertermine für die A380 nach hinten.

men. Virgin wird seine A380 in London-Heathrow stationieren. Von dort sollen sie zunächst die nordamerikanischen Destinationen Los Angeles, San Francisco und New York bedienen. Als Triebwerk wählte Virgin schon bald das Rolls-Royce Trent 900. Richard Branson sagte auf einer Pressekonferenz in der für ihn typischen verschmitzten Art vor dem A380-Reveal in Toulouse am 18. Januar 2005: »Mit der A380 verschieben wir die Grenzen des menschlichen Strebens. Wir sind angetreten, um Innovationen voranzutreiben. In unseren A380 werden rund 500 Passagiere Platz nehmen können. Wir werden sie mit sehr innovativen Besonderheiten an Bord verwöhnen. An Bord finden unsere Fluggäste Fitnessbereiche, größere Bars, einen Schönheitssalon sowie ein Casino. Auch wird es Doppelbetten geben. Neben dem Casino wird es also mindestens zwei Wege geben, wie sie an Bord eines Virgin-Fluges glücklich werden!«

Als erste Fluggesellschaft des indischen Subkontinents hat Kingfisher Airlines die A380 bestellt. Sie hat ihren Sitz in Mumbai und gehört zur United Breweries Group (UB Group). Sie unterschrieb die Kaufverträge für fünf A380 während der Paris Air Show im Juni 2005. Zu diesem Zeitpunkt war die Fluggesellschaft erst wenige Monate alt und hatte den Flugbetrieb mit Airbus A320 erst einen Monat zuvor aufgenommen. Ihr Vorstandsvorsitzender, Dr. Vijay Mallya, wird häufig als der »Richard Branson Indiens« bezeichnet. Er hat den Flugzeugen seiner Airline den Beinamen »Funliner« gegeben. Mit der Indienststellung der Flugzeuge hat Kingfisher keine Eile: Im Juni 2005 sagte Dr. Mallya, die Gesellschaft werde die A380 ab 2010 erhalten und auf Nonstopflügen zwischen Indien und den USA einsetzen. Die Triebwerkswahl war zum Zeitpunkt der Bestellungen noch nicht entschieden.

Gegenüber: Singapore Airlines übernahm die ersten fünf A380 zwischen Oktober 2007 und Juli 2008.

British Airways gesellte sich am 27. September 2007 zum Club der A380-Besteller. Die Fluglinie orderte zwölf Großraumflugzeuge und unterschrieb Verträge für sieben A380-Optionen.

Die in Los Angeles ansässige, größte Flugzeug-Leasinggesellschaft der Welt, International Lease Finance Corporation (ILFC), hat sich früh mit zehn Bestellungen für A380 in das Airbus-Auftragsbuch eingetragen. Fünf ILFC-Orders sind für die Passagierversion, fünf für die Frachtversion. Für vier Flugzeuge hat ILFC bereits die Triebwerkswahl getroffen, sie werden vom GP7200 der Engine Alliance angetrieben. ILFC-Chef Steven Udvar-Hazy lobte das Flugzeug: »Die A380 ist diegrößte luftfahrttechnische Errungenschaft seit vielen Dekaden. Ich denke, die Zahl der Bestellungen wird so schnell wachsen wie sich das Flugzeug beweisen wird.«

Die Tochtergesellschaft FedEx Express des amerikanischen Logistikkonzerns FedEx war der Erstkunde für die Cargoversion der A380. Bereits im Januar 2001 kündigte das Unternehmen an, die A380 zu bestellen. Im Juli 2002 orderte FedEx zehn Exemplare und nahm Optionen für zehn weitere. Als Antrieb wählte der Carrier nicht nur das GP7200 der Engine Alliance, sondern schloss mit dem Triebwerkskonsortium auch einen Vertrag über die Wartung der Triebwerke ab. Die Vertragslaufzeit war auf 20 Jahre definiert. Als die Verspätungen bei der Auslieferung bekannt wurden, zog FedEx die Konsequenzen und stornierte seine Bestellungen. Das war der Anfang vom vorläufigen Ende des A380-Frachters, denn kaum ein Kunde hatte sich so begeistert von der A380 gezeigt wie FedEx: FedEx-Gründer Frederick W. Smith sagte über die A380: »Die Geschichte der Luftfahrt hört nicht bei der Boeing 747 auf. Die A380 spielt eine bedeutende Rolle beim Ausbau unseres Netzwerkes und der Verbesserung unserer Dienstleistungen. Mit seiner erweiterten Frachtkapazität und einer verbesserten Wirtschaftlichkeit wird die A380 den globalen Handel noch mehr unterstützen. Davon profitieren unsere jetzigen und zukünfti-

SINGAPORE AIRLINES

British Airways benötigt die A380, um am Drehkreuz London-Heathrow wachsen zu können.

gen Kunden in der ganzen Welt. Hersteller und Lieferanten wissen, dass FedEx über das weltweit beste Netzwerk verfügt, das sie dabei unterstützt, vom globalen Wirtschaftswachstum zu profitieren. Mit dem A380-Frachter verbessern wir unsere Möglichkeiten, die Supply Chain unserer Kunden mit dem globalen Marktplatz zu verbinden.«

FedEx sollte ihre erste A380 sowie zwei weitere Exemplare 2008 erhalten. 2009 und 2010 waren je drei weitere geplant, während die letzte fest von FedEx bestellte A380F 2011 ausgeliefert werden sollte.

Das amerikanische Expressfrachtunternehmen UPS stieß im Januar 2005 zum exklusiven Kreis der A380-Kunden. Es orderte zehn A380F und brachte damit die Zahl der Frachter-Aufträge auf 27. UPS war schon vor der A380-Bestellung Airbus-Kunde und hatte 90 Airbus A300 bestellt. Dieser Auftrag wurde mit der Bestellung der A380 reduziert. Das Unternehmen hatte 2005 bereits 40 A300 abgenommen und wollte bis Juli 2006 weitere 13 A300 übernehmen. Die restlichen A300-Aufträge wurden in zehn A380-Bestellungen umgewandelt. Bob Lekites, Airline und International Operations Manager bei UPS begründete die Bestellung: »Die A380 erlaubt UPS, die schnell wachsenden Bedürfnisse unserer Kunden entlang der Warenströme effizient zu bedienen. Die A380 hat eine sehr große Kapazität mit effizienter Be- und Entlademöglichkeiten.«

UPS wollte den Cargo-Riesen ab 2009 in seine Flotte integrieren. Nach der Auftragsstornierung durch FedEx sah Airbus keine Möglichkeit, die Frachterentwicklung weiter voranzutreiben. Außerdem band die Kabelkrise erhebliche Ingenieurskapazität. Deshalb entschloss sich Airbus, die UPS-Bestel-

lungen zu kündigen und den Frachter auf Eis zu legen.

Alles in allem ergab sich eine Zahl von 154 Festbestellungen (davon 27 A380F) und rund 60 Optionen bis zum Erstflug am 27. April 2005. Bis zum Sommer 2008 hatte sich diese Zahl auf 198 Festbestellungen erhöht, obwohl keine Frachteraufträge mehr vorlagen.

Airbus hat Bestellungen für die A380 aus allen wichtigen Regionen (Asien, Europa, Mittlerer Osten, Nordamerika) des weltweiten Luftverkehrs. Auch hatte das Unternehmen Orders von Fluggesellschaften aus allen drei großen Airline-Allianzen Star Alliance (Lufthansa, Singapore Airlines, Thai Airways International), OneWorld (British Airways, QANTAS), und Skyteam (Air France, Korean Air). Mit diesen Bestellungen hat Airbus weit mehr als nur einen Achtungserfolg errungen. Sie beweisen, dass ein Flugzeug dieser Größe benötigt wird. John Leahy, »Chief Operating Officer Customer Experience« bei Airbus, gab sich zuverlässig, dass pro Jahr mindestens ein weiterer A380-Kunde hinzukommen würde. Daran, dass weitere Airlines sich für den Riesenvogel entscheiden, besteht kein Zweifel. Der von Rekord zu Rekord eilende Ölpreis ebnet immer effizienteren Flugzeugen zusätzlich den Weg. Immerhin fehlen im Airbus-Auftragsbuch noch wichtige Airlines, deren Verkehrsaufkommen und Routenstruktur den Einsatz eines Super-Jumbos wie der A380 rechtfertigen würde. Air India, Cathay Pacific, Japan Airlines und All Nippon Airways sind nur vier Namen, die als potenzielle A380-Kunden auftauchen.

Zusätzlich zu den Verkäufen an Fluggesellschaften wird es weitere Bestellungen für A380 geben, die von Staatsoberhäuptern oder besonders vermögenden Personen aufgegeben werden. Der erste Vertrag für

Emirates ist mit 58 Festbestellungen der größte Kunde für die A380.

Die Geschichte der A380-Entwicklung

Der Weg zum Super-Jumbo

Am 18. Januar 2005 wurde die erste A380 beim so genannten »Reveal« in Toulouse feierlich enthüllt.

Ein Großprojekt wie die A380 fordert jeden Flugzeughersteller bis an die Grenzen seiner ingenieurtechnischen, organisatorischen und finanziellen Leistungsfähigkeit. Mindestens zehn Milliarden Euro, mit nochmaligen erheblichen finanziellen Zusatzrisiken, kostet die Entwicklung eines Flugzeuges in dieser Größenordnung. Nur wenn ein so teures Projekt nicht am Markt vorbei entwickelt wird, hat es eine Chance, sein Geld wieder einzuspielen. Ein Flop in dieser Größenordnung könnte dagegen jeden Hersteller in die Pleite reißen. Die Geschichte der A380 war deshalb ein jahrzehntelanger Prozess, bei dem einerseits die Technologie verfügbar werden, der Markt Interesse signalisieren musste und die Airbus-Besitzer EADS, sowie damals BAE Systems, auch ein unternehmerisches Risiko in einer völlig neuen Dimension akzeptieren mussten.

Wenn man sich auf die Spurensuche nach der Entstehung der A380 macht, stößt man bald auf ein anderes »Riesenflugzeug« und seine Wurzeln: Denn die grundsätzliche technische Idee, strahlgetriebene Großraumflugzeuge in einer neuen Größenordnung zu bauen, entstammt dem Kalten Krieg. Anfang der sechziger Jahre, auf dem Höhepunkt der Ost-West-Konfrontation, planten die USA, in Spannungszeiten vor einem damals befürchteten Angriff der Sowjetunion auf Westeuropa, Verstärkungstruppen und deren Ausrüstung möglichst schnell über den Atlantik nach

Europa zu transportieren. Während man Soldaten auch in den bereits vorhandenen Transportern und Zivilflugzeugen befördern konnte, brauchte man für schwere Kampfpanzer eine neue, überschwere Flugzeugkategorie. Nach einer Ausschreibung der US Air Force sollte ihr neuer Großraumtransporter gleich zwei schwere Kampfpanzer auf einmal aus Amerika nonstop nach Zentraleuropa transportieren können. Eine bis dahin völlig undenkbare Vorgabe. Noch dazu sollten die Panzer aus eigener Kraft ohne Hilfsgeräte am Boden an Bord und von Bord rollen können. Die beiden wichtigsten Bewerber um den Riesenauftrag waren Boeing mit dem Projekt C-4 und Lockheed mit der C-5. Lockheed gewann schließlich den Zuschlag und baute die riesige C-5A Galaxy und später deren verbessertes Nachfolgemodell C-5B. Aber auch der unterlegene Wettbewerber Boeing profitierte von den Erfahrungen aus dem Militärprojekt und übernahm zahlreiche Elemente für seine neu konzipierte zivile Boeing 747, den heutigen Jumbo Jet. Zwar war die 747 nicht mehr für Landungen auf schlecht befestigten Frontflugplätzen ausgelegt, aber sie nutzte weiterhin den neuen Großraumrumpfquerschnitt des Militärtransporters, dimensioniert als müssten Panzer hineinpassen, für Passagiersitze in Zehnerreihen. Die hochklappbare militärisch initiierte Bugfrachtluke blieb als Ausrüstungsoption des viel versprechenden zivilen Frachters erhalten. Mitte der sechziger Jahre erwartete ein großer Teil der Fluggesellschaften, dass der zivile Passagierverkehr binnen weniger Jahre hauptsächlich auf Überschallflugzeuge umgestellt würde. Boeing entwickelte für diese Zwecke bereits das später abgebrochene Überschallkonzept SST (Supersonic Transport), die British Aircraft Corporation und Sud Aviation dagegen die Concorde und die Sowjetunion die Tu-144 von Tupolew.

Ein Großflugzeug wie den Jumbo hätte man nach damaliger Erwartung binnen weniger Jahre vor allem als Frachter genutzt. Deswegen nutzte die 747 auch den das in einem Buckel hoch gesetzte Cockpit (dahinter eine Bar und Aufenthaltsraum für die Passagiere der ersten Klasse), das die ungehinderte Beladung durch das Bugfrachttor ermöglichte. Ein noch wichtigeres Erbstück des Militärprogramms für die neue Großflugzeugkategorie war aber die Entwicklung von Triebwerken in einer neuen Leistungsklasse, die erst durch den Impuls gebenden Militärauftrag mit seinen finanziellen Ressourcen möglich wurde. Dank neuer Mantelstromtriebwerke konnte man überhaupt erst Flugzeuge dieser Größenordnung verwirklichen. Damit war technologisch ein Standard gesetzt: Zehn Sitze in einer Reihe, mehr als eine Etage für die Passagiere sowie vier wirtschaftliche Triebwerke mit hohem Nebenstromverhältnis und interkontinentale Reichweite. Die 747 wurde das Flaggschiff der zivilen Luftfahrt, ihr Bruder C-5A, das damals größte Flugzeug der Welt, jenes der Transportflieger beim Militär.

Doch der Luftverkehrsmarkt war noch nicht soweit. Einerseits fehlten die Abfertigungskapazitäten, um auf den Flughäfen plötzlich rund 400 Passagiere und deren Gepäck an Bord zu bringen oder auszuladen. Andererseits war die Airline-Industrie noch nicht auf die Vermarktung der neuen Massenkapazität eingestellt. Die 747 war fast dreimal so groß, wie die bisher größte Boeing 707. Derartig viele Sitze konnte man nur mit Hilfe neuer Werkzeuge füllen: Mit elektronischen Buchungssystemen und mit neuen Marketingansätzen. Luftverkehr, das bisherige reine Luxus-Verkehrsmittel der Elite, musste sich zum Massenluftverkehr verändern. Der erste 747-Großkunde Pan American hatte erhebliche Schwierigkeiten sein neues Topmodell zu füllen und geriet in finanzielle Schwierigkeiten. Auch die Flughäfen brauchten Jahre, um ihre Infrastruktur an die neuen Umschlagmengen an-

5000 Ehrengäste aus Politik und Luftfahrt begutachteten den Riesen aus nächster Nähe.

Diese frühe Variante sollte zwei A300-Rumpfröhren nebeneinander nutzen.

zupassen. Dann drückte die Ölkrise Mitte der siebziger Jahre auf Markt und Nachfrage. Fliegen wurde unerwartet teurer. Die Idee einer Zukunft mit extrem großen Passagierflugzeugen und Massenluftverkehr schien angesichts verteuerter Tickets immer unwahrscheinlicher.

Die für C-5A und 747 entwickelte Triebwerkskategorie wurde jetzt für eine neue Generation mittelgroßer Dreistrahler genutzt, die sich leichter füllen ließ. McDonnell-Douglas entwickelte die DC-10, Lockheed die L1011 Tristar. Noch einen Schritt weiter ging der neue europäische Hersteller Airbus: Sein Großraumodell A300 für Mittelstrecken nutzte nur noch zwei Triebwerke. Obwohl das Erstlingswerk A300 im Vergleich zu heutigen Airbus-Mustern sehr konventionell anmutet, mit klassischen Dreimanncockpit, mechanischer Steuerung mit Steuerhörnern und herkömmlicher Aluminiumstruktur, lebt ihr Weg weisender kreisrunder Rumpfquerschnitt mit ungewöhnlich viel Unterflurfrachtkapaziät bis heute in A330 und A340 fort. Allerdings startete auch die A300 in die Flaute der Ölkrise und obwohl sich Konkurrenten wie Convair und Lockheed aus dem Zivilgeschäft zurückgezogen hatten, konnte Branchenneuling Airbus mit seinem einzigen Modell den attraktiven und weltweit erfolgreich etablierten Flugzeugfamilien von McDonnell-Douglas und Boeing zunächst nur ein einziges Modell gegenüberstellen. Fazit: Auch die Europäer brauchten eine Flugzeugfamilie, um sich dauerhaft am Markt behaupten zu können, ein milliardenteurer Prozess. Es dauerte Jahrzehnte, bis Airbus mit der verbesserten A310 mit modernerem Flügel, der avantgardistischen A320 mit elektronischer Flugsteuerung und Glascockpit und dann endlich dem Doppelprogramm A340 und A330 für Langstrecken nachziehen konnte.

Doch in einer Größe konnten die Europäer Boeing noch immer nichts entgegensetzen, im Jumbo Format. Boeing hatte die 747 mit sparsameren und zuverlässigeren Triebwerken zur Version 747-200 weiter entwickelt, der mit der 747-400 in den achtziger Jahren ein noch modernerer Nachfolger mit Zweimanncockpit und nochmals verbesserten Leistungen folgte. Während der Jumbo Anfang der siebziger Jahre für viele Airlines mehr ein Prestigemuster und Flaggschiff war, das eher wegen seiner Reichweite als wegen seiner Sitzplatzkapazität gekauft wurde und oft halbleer um den Globus flog, reifte spätestens die Version 747-400 zum weltweiten Rückgrat des Langstreckenverkehrs heran. Renommierte Fluggesellschaften wie Singapore Airlines, Japan Air Lines, British Airways, Air France und Lufthansa bestellten die 747 im Dutzend. 1523 Jumbos wurden bis August 2008 verkauft, eine beim Programmstart unvorstellbare Menge und ein enormer wirtschaftlicher Erfolg.

Boeing konnte es sich leisten, den Preis mit einem satten Monopolzuschlag zu krönen. Boeing verdiene pro Jumbo eine Gewinnmarge in Höhe des Preises einer kompletten 737 rechnete man bei Airbus sehnsuchtsvoll nach. Außerdem war die attraktive 747 ein idealer Köder, um jedem Kunden gleich noch verwandte andere Boeing-Modelle zum Paketpreis anzubieten. Die Boeing 767 nutzte zum Beispiel Ersatzteile sparend zwei 747-Triebwerke und war dadurch ein sehr attraktiver und harter Gegenspieler der A300 und A310. Bevor sich Airbus an einen eigenen Riesenjet wagte, musste der Hersteller zunächst mit seinem Doppelprogramm A340 und A330 in die obere Mittelklasse eindringen. Langfristig träumten die Europäer schon damals von einem eigenen Modell in der Spitzenliga.

Ende der achtziger Jahre, die erfolgreich überarbeitete Boeing 747-400 wurde gerade frisch ausgeliefert, gingen zunächst die einzelnen Airbus Mitglieder daran, jeder für sich Studien für künftige »Ultra high capacity aircraft« (UHCA) zu starten. Damals war Airbus noch eine lose Arbeitsgemeinschaft selbständiger Unternehmen und nicht eine eigenständige Firma wie heute. Jeder Partner träumte davon, bei einem neuen Großflugzeug möglichst die Führungsrolle zu übernehmen. Klar war aber auch, dass niemand ein Projekt dieser Größenordnung finanziell alleine schultern konnte.

Die Ingenieure spielten derweil mit allen möglichen Ideen. So wurde das Konzept eines doppelt breiten Rumpfes untersucht, dessen zwei benachbarte Rumpfröhren, jeweils mit A300-Querschnitt, ineinander übergingen. Doch schon bald setzte sich das strömungsmäßig vorteilhaftere Konzept zweier durchgehender übereinander liegender Hauptdecks durch. Die damalige Daimler-Benz-Aerospace-Tochter »Deutsche Airbus« nannte ihren 1991 vorgestellten Entwurf mit 530 Tonnen Abflugmasse und elliptischem Doppelstockrumpfquerschnitt A2000, während Aérospatiale eine ASX700 mit 7,2 Meter breitem runden Doppelstockrumpf für 600 bis 800 Passagiere und 13 000 Kilometer Reichweite plante. Auch die etwas kleineren Modelle ASX500 und ASX600 hätten sich nach diesem Konzept realisieren lassen. Unklar blieb, wie groß so ein UHCA idealerweise dimensioniert sein musste. Die Größenordnung der unterschiedlichen Entwürfe schwankte zwischen 500 und 1000 Sitzen enorm.

Natürlich dachten auch die Amerikaner über UHCA nach. McDonnell-Douglas konzipierte seine äußerlich der heutigen A380 ähnelnde, allerdings mit maximal 500 Passagieren deutlich kleiner ausgelegte MD-12. Branchenprimus Boeing verfolgte eine Doppelstrategie und dachte einerseits über eine stark verlängerte 747 nach, die einen relativ aufwendigen neuen Flügel erfordert hätte, und beteiligte sich an transatlantischen Kooperationsstudien für ein VLCT (Very Large Commercial Transport). Zwischen 1993 und 1995 nahmen daran Aérospatiale, Boeing, British Aerospace, CASA und Daimler-Benz Aerospace teil. Doch die transatlantische Zusammenarbeit auf Herstellerebene kam nicht zustande. Stattdessen rückten die Europäer immer enger zusammen und planten ihr neues Großprojekt im Rahmen von Airbus.

Unter dem Namen A3XX führte Airbus das Projekt des Super-Airbus vor dem Programmstart.

Schon seit Anfang der neunziger Jahre hatte man dort die Airline-Kunden über deren Interesse an einem neuen Großflugzeug befragt, dem strategische Marktuntersuchungen besonders in Asien ab der Jahrtausendwende beste Verkaufsaussichten voraussagten. Die zu erwartende Verdreifachung des Passagieraufkommens binnen 20 Jahren ließe sich mit einem UHCA am kostengünstigsten bewältigen, sofern es die vorhandenen Flughäfen und Terminals mitnutzen könne.

Am 1. Februar 1992 stellte Airbus das Ergebnis seiner Gespräche mit zehn europäischen, asiatischen und amerikanischen Fluggesellschaften vor. Die Kunden bestätigten ihren Bedarf an einem im Vergleich zur 747 50 bis 100 Prozent größeren Modell, betonten aber die strikte Vorgabe, mit der bisherigen Flughafeninfrastruktur ohne komplette Umbauten auskommen zu müssen. Deswegen konnte das neue Modell nicht als kompromissloses Riesenflugzeug mit strömungs- und verbrauchsgünstigen Flügeln hoher Streckung bei beliebigen Dimensionen konzipiert werden. Vielmehr ging es um einen High-Tech-Entwurf, der mit maximal 80 Metern Länge, 80 Metern Spannweite und 80 Fuß Höhe (24,38 Metern) beinahe noch mit den Bodenmaßen einer 747 auskam aber durch neue Werkstoffe, sehr gute Raumausnutzung und exzellente Aerodynamik trotzdem wesentlich sparsamer betrieben werden konnte, während er sich trotz höherer Passagierzahl in der gleichen Zeit abfertigen ließ, wie ein Jumbo.

Doppeldecker unter sich: Der im Computer entstandene Vergleich mit den Londoner Doppeldeckerbussen zeigte die riesigen Dimensionen der A3XX.

Im Juli 1994 stellte Airbus die neue »A3XX«, so lautete die vorläufige Projektbezeichnung mit zwei Platzhaltern, erstmals öffentlich vor. Der Entwurf verfügte über zwei durchgehende Passagierdecks mit jeweils zwei Gängen. In einer engen Einklassenbestuhlung konnten 840 Passagiere untergebracht werden, bei typischerer Dreiklassenbestuhlung immer noch 570 Gäste. Der vierstrahlige Entwurf für eine maximale Startmasse von 471 Tonnen war rund 40 Prozent größer als eine 747 und versprach 15 Prozent niedrigere direkte Betriebskosten pro Sitz als sein amerikanischer Konkurrent. Unter den beiden Passagierdecks befand sich der Frachtraum, dessen Breite, wie in der A300 bis A350, die Beladung mit zwei Frachtcontainern der weit verbreiteten Standardgröße LD3 paarweise zuließ. Im April 1996 fasste Airbus alle Aktivitäten des Vorentwurfs der A3XX in einer neuer Large Aircraft Division zusammen. Unter ihrem deutschen Senior Vice President Jürgen Thomas mussten die Ingenieure nicht nur das eigentliche Flugzeug entwerfen, sondern das Airbus-Konzept immer wieder mit den Anforderungen der Kunden und der industriellen Partner, namentlich der Triebwerkshersteller, koordinieren. Dabei sollten auch die endgültigen Spezifikationen und der zu erwartende Kostenrahmen festgelegt werden. Neben den Fluggesellschaften spielten auch 35 große Flughäfen eine besonders wichtige Rolle bei der Definition der A3XX. Viele Anforderungen der Bodeninfrastruktur, wie Rollwegabstände, zulässige Bodenbelastung, Startbahnbreite und Fluggastbrückenabstand wirken sich direkt auf die Konstruktion des Flugzeugs aus. Wenn der Flügel zu lang ist, könnten rollende Flugzeuge aneinander stoßen. Daneben musste das Team von Jürgen Thomas auch die Eifersüchteleien der einzelnen Airbus-Partner unter einen Hut bringen. Schließlich wollte jeder Partner ein möglichst großes Stück vom anspruchsvollen Entwicklungs- und Produktionskuchen der A3XX abhaben. Gerade die Deutschen erhoben den Anspruch, mehr berücksichtigt zu werden, möglichst sogar mit einer eigenen Endmontagebeteiligung.

Um die Großinvestition, offiziell geschätzt wurden 1997 Entwicklungskosten von acht Milliarden Dollar, schneller zu amortisieren, legte Airbus die A3XX von Anfang an in einer Art Baukastensystem als Flugzeug-

Von Aérospatiale stammte die ASX600 mit kreisrundem Rumpfquerschnitt.

familie an. Neben dem Basismodell A3XX-100 für 555 Passagiere mit 15 Prozent niedrigeren direkten Betriebskosten als bei der 747-400, 10 bis 15 Prozent mehr Reichweite, 35 Prozent mehr Sitzplatzkapazität und 49 Prozent größerer Bodenfläche wurde parallel auch eine vergrößerte A3XX-200 für 656 Passagiere konzipiert, die pro Sitz rechnerisch sogar 20 Prozent billiger zu betreiben wäre als eine 747-400. Als Antrieb wurden vier Triebwerke der Leistungsklasse von 307 bis 347 kN vorgesehen. Dazu wurde mit den Herstellern Engine Alliance und dem britischen Triebwerksproduzenten Rolls-Royce verhandelt. Die damaligen Airbus-Marktstudien rechneten bis 2014 mit einem weltweiten Gesamtmarkt von 1380 Flugzeugen in der Kategorie über 500 Sitzen, also oberhalb der herkömmlichen 747-400. Dieser Markt entsprach einem Wert von 300 Milliarden Dollar.

Als dritten Trumpf sah das A3XX-Familienkonzept noch einen Frachter vor, denn der lukrative Luftfrachtmarkt, besonders nach Asien, wächst weltweit besonders stark und sehr viel stabiler als die reine Passagiernachfrage. Doch anders als der Jumbo Jet konnte man in der A3XX-100F mit ihrem Cockpit vor der Passagierkabine kein Bugfrachttor für die Beladung von vorne einbauen. Deswegen war der A3XX-Frachter grundsätzlich eher für die Beladung von Fracht auf Paletten oder in Containern ausgelegt, als zum Beispiel für schwere Baumaschinen mit exotischen Lademaßen, die ein 747-Frachter mit Bugtor noch mühelos schluckt. Trotzdem hatten neun Fluggesellschaften, darunter der Paketfrachtriese Fedex und Cargolux von Anfang an ihr Interesse an der Frachtversion signalisiert.

Für alle drei Versionen der A3XX sahen die Ingenieure die Ableitung weiterer Varianten ab: So konnte man die erhöhte Abflugmasse der verlängerten A3XX-200 auch mit dem kurzen Rumpf der A3XX-100 kombinieren und erhielt dadurch das Langstreckenmodell A3XX-100R (Extended Range/erhöhte Reichweite). Auch die reguläre A3XX-100 ließ sich ohne verstärkte Struktur durch das Entfernen von Sitzen auf erhöhte Reichweite trimmen und nannte sich dann A3XX-050R. Für kürzere Strecken mit erhöhtem Kapazitätsbedarf wurde schließlich die strukturell auf häufigere Starts- und Landungen ausgelegte A3XX-100S vorgesehen, zu der parallel auch eine Kurzstreckenversion der verlängerten -200 vorgesehen war, die A3XX-200S. Neben dem Vollfrachter A3XX-100F wurde schließlich noch eine Kombiversion konzipiert, die A3XX-100C. Allerdings hat jedes Familienkonzept

Airbus untersuchte die Wirbelschleppenbildung unter anderem mit Windkanalmodellen.

auch einige Nachteile. Weil die Basisversion der A3XX bereits für die späteren schwereren Varianten ausgelegt ist, müssen viele Bauteile sehr groß dimensioniert werden und die Struktur wird schwerer, als bei einem optimierten Einzelentwurf. Deswegen wurde die A3XX von Anfang streng auf Gewichtsreduzierung getrimmt. Als Vorteile des Familienkonzepts locken andererseits Kostenersparnisse in der Produktion und eine höhere erzielbare Gesamtstückzahl.

Am 4. November 1996 unterschrieb mit Rolls-Royce der erste Triebwerkshersteller eine Vereinbarung, die A3XX mit seinem Triebwerk der Serie Trent 900 zu beliefern. Damit waren die Briten mit ihrer sparsamen und leisen dreiwelligen Triebwerksfamilie sowohl bei der A340-600, der A340-500 und der A3XX vertreten. Die amerikanische Engine Alliance, ein Bündnis der Branchenriesen General Electric und Pratt & Whittney kam 1998 mit ihrem neuen GP7200 als Antriebsalternative hinzu. Schon 1997 stießen mit Belairbus aus Belgien und Fokker (Stork) aus den Niederlanden zwei sogenante »Risk Sharing Partner« zum A3XX-Projekt, die sich mit rund zwei Milliarden Dollar beteiligten. Auch die schwedische SAAB und die finnische Finaviatec stießen zu den Partnern, zu denen auch die italienische Alenia gehörte.

Während sich die kaufmännische Zusammenarbeit festigte, brachten die Ingenieure auch die praktischen Aspekte der A3XX voran. In Toulouse ermittelte die britische Defense Evaluation and Research Agency mit Hilfe eines Laser vermessenen Windkanalmodells der A3XX die spätere Wirbelschleppenbildung hinter dem Flugzeug. Falls diese Luftwirbel, die man sich wie das aufgewühlte Kielwasser hinter einem Ozeandampfer vorstellen kann, zu stark ausgefallen wären, hätten alle Flugzeuge hinter einer A3XX erhöhte Sicherheitsabstände einhalten müssen. Damit wäre aber die Landebahn- und Slotkapazität auf überfüllten Drehkreuzflughäfen gesunken, wo die A3XX ja eigentlich antreten sollte, um die Kapazität zu erhöhen. Aber die britischen Wissenschaftler gaben Entwarnung, nach ihren Berechnungen lagen die A3XX-Luftwirbel unter denen einer 747.

Auch auf dem Boden darf die schwere A3XX keine Extrawürste fordern. Deswegen konstruierte Airbus ein 650 Tonnen schweres Messfahrzeug, dass die Rollmasse und Bodenbelastung der 22 Räder einer A3XX auf Rollwegen und Vorfeldern simuliert. In Toulouse wurden dazu sogar ein eigenes Rollwegstück gebaut, auf dem man vier Arten von Bodenbelägen untersuchen konnte. Auch für die Rollwegränder und kleine Überführungen, Unterflurfeuer und Gullydeckel ist die Bodenbelastung durch die A3XX eine entscheidende Frage. Allerdings gehen auch andere moderne Flugzeugtypen wie die sehr schwere Boeing 777-300ER an die Belastungsgrenzen älterer Bodenbeläge.

Schließlich musste die Wirkung der A3XX auch nach innen untersucht werden, nämlich gegenüber den Passagieren. Würde man sich als Fluggast in einer A3XX eingezwängt wie eine Sardine vorkommen, vielleicht sogar lieber andere Flugzeugtypen buchen? Airbus befragte im April 1999 in einer viermonatigen Marktstudie weltweit 1200 Vielflieger in acht Städten auf drei Kontinenten, denen zwei originalgroße Kabinenattrappen vorgestellt wurden. Eine der Fragen war dabei, ob sich die Fluggäste durch die Dachschräge des Oberdecks gestört fühlten und wie nach ihrer Meinung der ideale Sitzabstand zur Bordwand aussehe. Nach Auswertung der Umfrage nutzten die Airbus-Ingenieure die Erfahrung von weiteren 140 Vielfliegern, die direkt im Unternehmen arbeiteten und frag-

Der Entwurf A350 erinnerte an eine 747 mit durchgehendem Oberdeck.

ten diese erneut und noch ausführlicher über ihre detaillierten Reisebedürfnisse.

Gerade als die technische Entwicklung der A3XX entscheidende Fortschritte machte, sorgte der Markt für Irritationen: Die Asienkrise, eine Wirtschaftskrise 1997/98 im erhofften wichtigsten A3XX-Absatzmarkt, schien alle Wachstumsprognosen in Frage zu stellen. Sollte man jetzt immer noch alle Finanzmittel auf die Karte A3XX setzen oder das ganze Projekt abblasen? Der Airbus-Aufsichtsrat blieb zuversichtlich. Am 8. Dezember 1999 gab er nach einer positiven Bestandsaufnahme des Projekts dem Airbus-Management grünes Licht, mit den Fluggesellschaften über ihre gewünschten Stückzahlen und Lieferzeiträume zu sprechen.

Unterdessen war in Toulouse das neue Mock-up-Centre, eine Ausstellungshalle mit originalgroßen Rumpfattrappen samt Kabineneinrichtung der Airbus-Flugzeuge eingeweiht worden. In der nach dem deutschen Luftfahrtingenieur Felix Kracht benannten Halle »parkte« neben einer A330/A340, einer A320 und einem Airbus Corporate Jetliner auch die erste A3XX. Hier konnten sich die interessierten Airlines von den großzügigen Innenmaßen und Einrichtungsoptionen des Airbus-Projektes überzeugen. Das Hauptdeck der A3XX kam man sich etwa wie das einer Boeing 747 vorstellen, allerdings ist es etwas breiter, so dass jeder einzelne Sitz einige Zentimeter mehr Breite erhält, als im Jumbo Jet. Noch deutlicher wird der Unterschied beim Blick auf die Seitenwände: Das Hauptdeck erreicht seine größte Kabinenbreite erst oberhalb der Fenster. Deswegen stehen die Seitenwände fast senkrecht und man hat besonders auf den Fensterplätzen ein großzügigeres Raumgefühl als in den kleineren Airbus-Mustern mit kreisrundem Rumpfquerschnitt. Das Oberdeck erinnert eher an eine A340. Allerdings machen die schräg stehenden Seitenwände klar, dass man sich oben in einer A3XX befindet. Unterhalb der Fenster sind Schränke für zusätzliches kleines Handgepäck installiert und erst mit einigem Abstand folgen die Fensterplätze.

Hinter der vorderen A3XX-Eingangstür führt im Mock-up die breite zweispurige Treppe ins Oberdeck, wo hinter Sofas seitlich der Treppe ein Abteil der Business Class beginnt. Noch luxuriöser ist das darunter liegende Hauptdeck ausgestattet: An einer Bar können sich die Gäste entspannen, falls sie nicht auf ihren Schlafsesseln mit großen Flachbildschirmen Platz nehmen. Hinter einer Trennwand beginnt der Raum der Economy Class, er ist hier allerdings noch völlig leer. Jede Airline kann hier nach ihren eigenen Maßen planen, wie viele Sessel, Küchen und Waschräume sie unterbringen möchte. Im Heck beginnt dagegen wieder ein komplett eingerichteter Bereich: Im hinteren Oberdeck befindet sich eine Bar für die Gäste der Economy Class, die sich hier auf langen Strecken ablenken können. Damit es sich aber Niemand zu gemütlich macht, und die Plätze dauerhaft blockiert, sind die Stehbänke absichtlich nicht zu weich gepolstert. An der Kabinendecke oberhalb der Sitzbänke sind Breitwandmonitore befestigt. Hier kann man die Bilder eines Sternenhimmels einspielen, so als sähe man durch Fenster im Dach der A380 direkt ins Freie.

Natürlich ist dieses Mock-up auch eine Art Spielwiese der Ingenieure. Nicht alle verschwenderischen Details und Optionen werden so von den Airlines bestellt. Wie ein Gag wirkte zunächst ein kleiner Wasserfall in einem Plexiglaskasten am oberen Ende der hinteren Treppe. Emirates bestellte jedoch eine verbesserte Ausführung für ihre A380. Die hintere Treppe schmiegt sich geschickt in die Rundung des hinteren Druckschotts und führt unten im Hauptdeck in einen Raum, den die Airbus-Marketingabteilung als »Duty-Free-Shop« eingerichtet hat. Zwischen Glasvitrinen und Schränken befindet sich ein Verkaufstresen, an dem die Passagiere zollfreie Waren, Parfüm und elektronische Geräte erwerben könnten. In einem späteren realen Flugzeug wird dieser Raum wahrscheinlich eher für Sitze genutzt, denn die Fluggesellschaften messen den Ertrag pro Flugzeugfläche in Quadratzentimetern und brauchen Gäste, die für jeden angebotenen Luxus auch entsprechend bezahlen möchten.

Deswegen ist die optimale Raumausnutzung und die Sitzverteilung zwischen den unterschiedlichen Klassen an Bord eine Wissenschaft für sich. Heute gilt eine komfortable Business Class als ertragsstärkster Bereich an Bord von Langstreckenflugzeugen. Auch mit eher eng bestuhlten und gut besetzten Economy Class-Abteilen kann man als Airline Geld verdienen. Schon etwas schwieriger wird es in der First Class. Nur wenn sie komplett mit voll zahlenden Gästen und nicht etwa mit Vielfliegern, die mit ihren Freimeilen »bezahlen«, gefüllt werden kann, spielt sie insgesamt mehr Geld ein, als die höhere Sitzzahl eines Business Class-Abteils auf gleichem Raum. Aber es gibt noch Routen mit stabil hoher First-Class-Nachfrage und für Airlines mit Luxuskomfort bietet die A3XX besonders viel Raum für neue Servicemerkmale, wie Betten, Schlafsessel oder die genannten Barbereiche. Deswegen ist es kein Zufall, dass mit Emirates und Singapore Airlines zwei weltweite Premium-Airlines schon früh zu den ernsthaften Interessenten an der A3XX gehörten.

Am 30. April 2000 erklärte der Chef von Emirates, Scheich Achmed bin Saeed Al-Maktoum, sein Unternehmen werde bis zu zehn A3XX, darunter zwei Frachter bestellen, sobald das Programm offiziell gestartet werde. Lieferungen wünsche man bereits ab 2006. Die extrem schnell wachsende Fluggesellschaft aus Dubai gilt als eines der weltweiten Schlüsselunternehmen der Airline-Branche. Als langfristige Alternative zur Ölindustrie bauen sich die Araber den Tourismus als neue Einnahmequelle auf. Dabei spielt auch der gewaltige indische Markt vor ihrer Haustür eine wichtige Rolle, der binnen weniger Jahrzehnte nach der Zahl der Einwohner gerechnet sogar China überholen wird. Über ihren ständig weiter ausgebauten Drehkreuzflughafen Dubai wollen die Araber die indischen Menschenmassen, darunter sind bereits heute alleine mehr wohlhabende Mittelklassebürger, als die gesamte EU Einwohner hat, in alle Welt befördern. Um die knappe Flughafenkapazität in Dubai optimal zu nutzen, kaufen sie deshalb grundsätzlich nur Flugzeuge über 300 Sitzen. Weltweit hat sie Branchenexperten rekrutiert, die die ehrgeizige Expansionsstrategie bisher wie angekündigt Schritt für Schritt realisiert haben und bereits die globalen Verkehrsströme via Dubai zu verändern beginnt.

Der zweite Schlüsselinteressent an der A3XX wurde Singapore Airlines (SIA). Die Chinesen aus dem asiatischen Stadtstaat sind mit konkurrenzfähigen Preisen und einem herausragenden Serviceangebot weltberühmt geworden. Jahrzehnte älter als Emirates haben sie mit viel Organisationstalent im Handelszentrum Singapur ein Drehkreuz für den Fernen Osten aufgebaut, das von einer besonders günstigen Lage zwischen Europa, Asien und Australien profitiert. Am 16. Mai 2000 erklärte SIA ihr Interesse an zehn A3XX plus sechs Optionen mit ähnlich frühen Lieferterminen wie Emirates sie geäußert hatte.

Nachdem insgesamt acht Fluggesellschaften ihr konkretes Interesse signalisiert hatten, darunter Air France, die Leasingfirma ILFC, Virgin Atlantic und drei noch ungenannte Unternehmen, erteilte der Airbus-Aufsichtsrat am 23. Juni 2000 seinem Management die »Authorization to Offer«, also die Angebotsfreigabe für die A3XX. Was sich wie ein staubtrockenes juristisches Detail anhört, ist in Wirklichkeit einer der wichtigsten Meilensteine jedes Flugzeugprogramms. Erst mit der Angebotsfreigabe kann die Verkaufsabteilung den Kunden rechtsverbindliche Verträge anbieten. Jetzt ging es darum, das erklärte Kundeninteresse in vertragliche Formen zu bringen. Der damalige Airbus-Chef und spätere EADS-Co-Chairman Noel Forgeard erklärte: »Der Markt hat laut und klar gesagt, dass er die A3XX will. Das haben auch unsere Aktionäre gewürdigt, die das Programm voll unterstützen. Wir werden jetzt die Absichtserklärungen fixieren und sind sehr zuversichtlich, bis zum Jahreswechsel einen offiziellen Programmstart zu schaffen.«

Am 19. Dezember 2000 war es soweit. Im Airbus-Mock-up-Center in Toulouse, direkt vor dem Rumpfmodell der A3XX knallten die Champagnerkorken. Das bisherige Projekt A3XX wurde jetzt zum offiziellen Airbus-Flugzeugprogramm A380. Die britische Fluggesellschaft Virgin Atlantic hatte mit einer Vorbestellung von sechs Exemplaren die von Airbus für einen Programmstart geforderte 50er-Marke überschritten.

Noel Forgeard erläuterte die neue Typenbezeichnung A380: Die Ziffer drei stehe für Airbus-Zivilflugzeuge und die im A380-Hauptmarkt Asien als Glückszahl geltende acht quasi bildhaft für die Doppelstockanordnung der beiden Hauptdecks übereinander. Forgeard stellte für die A380 rund 49 Prozent mehr Kabinenfläche als in der 747 in Aussicht. Da nur 33 Prozent mehr Passagiere befördert würden, erhöhe sich der Bordkomfort erheblich. Durch den Gewicht sparenden Einsatz neuer Werkstoffe sänken der Verbrauch und die Kosten pro Passagier um 20 Prozent, was bei einem voll besetzten Flugzeug einem Verbrauch von drei Litern Kerosin auf 100 Kilometer Flugstrecke pro Passagier entspreche. Auch die weltweit besonders strengen künftigen Lärmgrenzen in London-Heathrow werde die A380 einhalten.

Der damalige Airbus Chief Operating Officer und spätere Airbus-Vorstandsvoritzende Gustav Humbert wies darauf hin, dass die A380, wie schon bei der A3XX geplant, von vorne herein als komplette Flugzeugfamilie angelegt sei. Neben der Ausgangsversion A380-800 für 550 Passagiere in drei Klassen und deren Schwestermodell A380-800R mit erhöhter Reichweite, sei auch bereits eine gestreckte A380-900 für 650 Passagiere vorgesehen. Ebenso stehe der Frachter A380-800F auf der Tagesordnung, während eine verkürzte A380-700 eher langfristig geplant werde. Für die A380 sei noch »wesentlich mehr Abfluggewicht möglich«, so Humbert. Die Reihenfolge des Erscheinens der einzelnen Versionen wollte Humbert vom Airline-Interesse abhängig machen. Für die A380-800 und A380-800F (FedEx) lagen bereits zum Programmstart Bestellungen vor, deswegen machten diese Versionen den Anfang. Neben Rolls-Royce werde auch die Engine Alliance aus den USA zweiter Triebwerkslieferant für den neuen Vierstrahler. Die A380-Entwicklungskosten bezifferte Noel Forgeard damals auf insgesamt 10,7 Milliarden Dollar, wovon Airbus 5,2 Milliarden direkt tragen werde. Der Rest werde durch Kredite zu marktüblichen Konditionen finanziert. Das Programm schaffe 135 000 Arbeitsplätze, darunter 47 000 direkt in der Luftfahrtindustrie.

Kunden aus dem Mittleren und Nahen Osten übernehmen ihre Flugzeuge in Hamburg.

Der Entwurf der Deutschen Airbus, die A2000, ähnelte schon stark der späteren A380.

Die A380 bildete für Airbus mehr als »nur« ein neues Flugzeugprogramm. Das größte Verkehrsflugzeug der Welt bildete den Katalysator, um endlich die zersplitterte und lose Airbus-Unternehmensstruktur in einer einheitlichen Firma zu organisieren. Ab dem 1. Januar 2001 nahm die »Airbus Integrated Company«, die zu 80 Prozent EADS und zu 20 Prozent BAE Systems gehörte, ihre Arbeit auf. Damit existierte endlich eine schlagkräftige einheitliche Firmenzentrale, nicht mehr nur eine Projekt bezogene Arbeitsgemeinschaft wie zuvor. Der damalige EADS-Co-Chairman Manfred Bischoff sprach von der A380 als seinem »geliebten Baby« und erklärte kämpferisch: »Mit diesem Flugzeug brechen wir das Boeing-Monopol«. Bischoff erklärte, er rechne für die nächsten 20 Jahre mit einem sicheren Absatzmarkt von 1500 Flugzeugen in der A380-Größenordnung. Das A380-relevante Verkehrsaufkommen zwischen den wichtigsten Großstädten verstärke sich sogar noch. Wie viele Flugzeuge Airbus von der A380 verkaufen muss, um die enormen Entwicklungskosten wieder hereinzuholen wurde bisher nicht bekannt. Als Mindestmenge für den so genannten »Breakeven Point«, also die Gewinnschwelle, nannten die beiden damaligen Co-CEOs der EADS, Rainer Hertrich und Philippe Camus jedoch 250 Exemplare. Angesichts von späteren Kostensteigerungen räumte Rainer Hertrich später ein, die Zahl könne sich noch in Richtung 300 verschieben. Immerhin lagen schon beim Erstflug 154 Bestellungen für die A380 vor.

Zugute kommt Airbus dabei, dass Boeing lange nur halbherzig über einen A380-Wettbwerber nachdachte und nur sehr zögernd über die Modernisierung der 747 entschied. Mit dem Programmstart wurde Toulouse nach einem teilweise erbittert geführten Kampf mit Hamburg als zweiter A380-Endmontagestandort für die Inneneinrichtung und Lackierung fest gelegt. 2001 wurden zahlreiche Zulieferer des neuen Flugzeugprogramms bekannt gegeben, darunter auch viele US-Firmen, zum Beispiel Honeywell für das Flight-Management-System. Mit seiner Hilfe steuern und überwachen die Piloten den Flugverlauf. Weil vor allem die kostspielige Cockpit-Avionik aber auch das Hilfstriebwerk der A380 aus den USA kommt, tragen die Amerikaner wertmäßig einen Anteil von bis zu fünfzig Prozent an jeder A380 bei, sofern sie mit Triebwerken der Engine Alliance ausgerüstet ist. Damit sind die USA das wichtigste einzelne Lieferland für das »europäische« Riesenflugzeug. Diese Aufgabenteilung hilft Airbus aber auch beim Absatz an amerikanische Kunden. Am 23. Januar 2002 begann die Produktion der A380, als in Nantes das erste Metallteil gefräst wurde. Parallel entstand der erste Flügelkasten aus Kohlefaser. Europaweit wurden jetzt Herstellungsbetriebe und Montagewerke für die A380 errichtet und ausgbaut, darunter in Hamburg-Finkenwerder, dem walisischen Broughton und in Toulouse.

Dort konnte am 18. Januar 2005 die erste A380 der Öffentlichkeit vorgestellt werden: Beim so genannten »Reveal«, also einer Enthüllung in der Halle und keinem »Roll-out« aus der Halle waren 5000 Ehrengäste zugegen. Man konnte die Spannung in der Jean-Luc-Lagardère-Halle förmlich spüren. Sie war auch durch die intensive Vorberichterstattung in den internationalen Medien aufgebaut worden. Es gab keine Tageszeitung in Europa, die nicht groß vorab über den neuen Airbus-Riesen geschrieben hatte. Der Druck auf die Airbus-Mitarbeiter, die Veranstaltung zu einem Erfolg werden zu lassen, war riesengroß: Kein anderes Ereignis in der Airbus-Geschichte hatte soviel Aufmerksamkeit erregt wie die Vorstellung des neuen Airbus A380. Die A380 war der Star des Tages. Hochrangige politische Prominenz unterstrich die Bedeutung der Veranstaltung für Europa. Die politische Führung der vier an Airbus beteiligten Länder war vertreten: Neben dem französischen Präsidenten Jacques Chirac, dem deutschen Bundeskanzler Gerhard Schröder, dem britischen Premierminister Tony Blair war auch der spanische Ministerpräsident José Luis Rodriguez Zapatero nach Toulouse gekommen. Auch 900 Journalisten berichteten über das Reveal.

Die Veranstaltung fand in der Endmontagehalle statt und wurde mit einer Pressekonferenz begonnen, auf der die Vertreter der Fluggesellschaften auf dem Podium saßen, die bereits die A380 bestellt hatten. Sie äußerten sich kurz – immerhin waren 13 Airline-Chefs und Steven Udvar-Hazy von der Leasinggesellschaft ILFC zugegen – und verrieten zum Teil erstmalig Details über die Bestuhlung ihrer A380 und nannten erstmalig öffentlich die Strecken, auf denen sie das Muster einsetzen wollten.

Pünktlich um 11.00 Uhr begann die eigentliche Zeremonie, die als zirkusartige Show über den menschlichen Traum vom Fliegen mit viel Scheinwerfern und Bühnennebel inszeniert wurde. Eine Balletttruppe wie aus dem »Cirque du Soleil« tanzte über die riesige Bühne, die ganz in blau beleuchtet war, und führte artistische Kunststückchen vor, die darin gipfelten, dass eine Flugmaschine zusammengesetzt wurde und sich in die Lüft erhob. Anschließend traten Riesen auf die Bühne, die symbolisch wichtige Vordenker aus den einzelnen Airbus-Partnernationen repräsentierten. Sie gaben der ganzen Veranstaltung eine fast schon philosophische Note. Dann lichtete sich der Vorhang und die erste A380 stand, erstmals in den neuen blauen Hausfarben von Airbus, im Rampenlicht, direkt vor der eigens aufgebauten Tribüne. Der Traum A3XX war Wirklichkeit geworden.

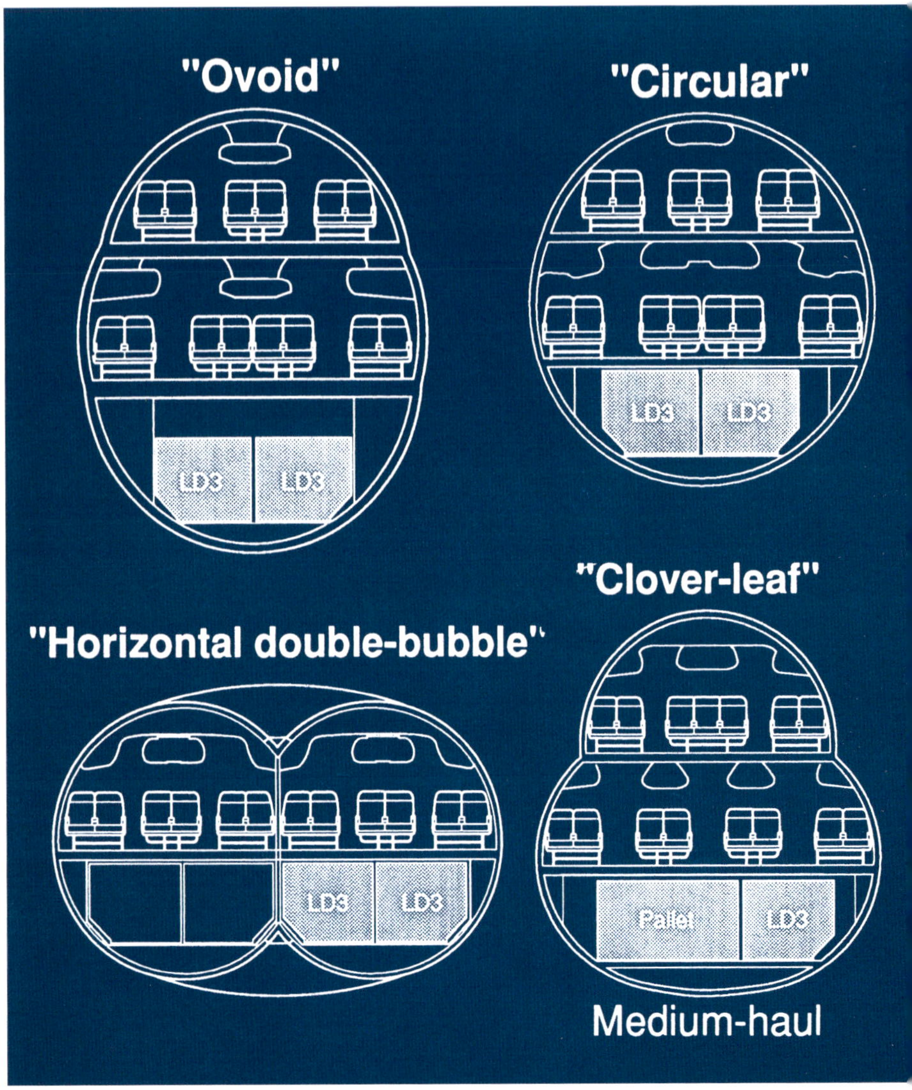

Airbus untersuchte mehrere verschiedene Rumpfquerschnitte für die A3XX.

Zum ersten Mal am Himmel

Der Erstflug

Während des Erstfluges hat MSN001 in der Nähe des Pyrenäen-Hauptkamms erstmals ihr Fahrwerk eingefahren.

Toulouse, Südfrankreich, am Morgen des 27. April 2005. Der Countdown beginnt: Mit ihren Pilotenhelmen und orangefarbenen, feuerfesten Overalls ähneln die sechs Besatzungsmitglieder äußerlich fast schon Astronauten, als sie an applaudierenden Technikern vorbei über die vordere Backbordtreppe um 8.39 Uhr an Bord des A380-800 Prototypen mit der Werknummer MSN001gehen. Heute wollen sie mit dem 72,7 Meter langen vierstrahligen Riesen, dem größten Passagierflugzeug der Welt, zum Erstflug starten. Jahrelang hatten sie für diesen Moment am Boden geprobt und endlose »Testflüge« im Cockpit des A380-Entwicklungssimulators »Aircraft Zero« absolviert und die erste A380, MSN001, während ihrer Endmontage in Toulouse begleitet. Danach überprüften sie das Flugzeug drei Monate lang penibel, bevor die vier Triebwerke zum ersten Mal angelassen werden konnten. Schließlich rollte der gewaltige Airbus in den vergangenen Wochen auf der Startbahn schon mit Geschwindigkeiten bis kurz vor dem Abheben und probte Vollbremsungen, wie nach einem Startabbruch. Nachdem die Meteorologen Ende letzter Woche für heute Wetter mit guter Sicht, leichtem Wind und einer trockenen Startbahn mit guter Bremswirkung vorhergesagt hatten, konnte endlich der historische Erstflug angesetzt werden. Journalisten und Fernsehteams aus aller Welt sind eigens angereist und rund 50 000 Fans belagern den Flughafenzaun. Viele zelten seit Wochen in Sichtweite, um den Erstflug ja nicht zu verpassen, denn dieser Erstflug wird Luftfahrtgeschichte schreiben.

Es geht los: Um 9.12 Uhr kündigt das rote Warnlicht auf dem Rücken des Prototypen mit der französischen Registrierung F-WWOW an, dass gleich das Anlassen der vier Trent-970-Triebwerke beginnt. Die Buchstabenfolge »WW« hinter dem »F« für Frankreich verrät dabei, dass es sich um ein Testflugzeug handelt und noch nicht um einen Linienjet mit endgültiger Zulassung. Pushback: Um 9.35 Uhr drückt ein gewaltiger Schlepper den Riesen, der sich im Flugfunk beim Kontrollturm nur kurz mit seinen beiden letzten Kennungsbuchstaben als »Oskar Whiskey« meldet, von der Parkposition Sieben, direkt vor dem Airbus-Flugtestgebäude, auf das Werksvorfeld. Schon 45 Minuten vor dem Abheben rollt die A380 aus eigener Kraft zur Schwelle der Startbahn 32 links in Toulouse und bleibt mit laufenden Triebwerken zum letzten Test stehen. Alle Systeme werden jetzt nochmals kontrolliert. Falls irgendetwas nicht stimmte, könnte man jetzt noch gefahrlos abbrechen und den Flug verschieben. Die Landeklappen und Vorflügel sind jetzt in die Stellung drei (von vier) ausgefahren. Während die beiden Testpiloten Claude Lelaie auf dem linken Sitz und Jacques Rosay auf dem rechten Sitz und der Test Flight Engineer Gerard Desbois als Testleiter auf dem Mittelsitz hinter ihnen alle Systeme im Cockpit kontrollieren, sind in der Kabine drei weitere Ingenieure an ihren Computerstationen, zwei im Hauptdeck und einer im Oberdeck, dabei, die Telemetriegeräte zu überprüfen. Nicht weniger als 40 Tonnen Testausrüstung, vor allem Messgeräte und Computer, die mit tausenden Sensoren durch rund 300 Kilometern Kabel in armdicken Bündeln verbunden wurden, sind in der innen unverkleideten Kabine installiert worden. Sie übermitteln die Messdaten nicht nur an die Testbesatzung an Bord, sondern per Funk auch an die Airbus-Telemetrieabteilung »Télémesure«, deren Experten in einem eigenen Kontrollraum im A380-Konstruktionsgebäude in Toulouse sitzen. Hier können zahlreiche Systemspezialisten live das Geschehen mitverfolgen, ohne selbst mitfliegen zu müssen. Neben Messedaten werden per Datenfunk auch Fernsehbilder von Bord übermittelt. Dadurch könnten zum Beispiel im Falle unerwarteter Flügelvibrationen von der Besatzung Aerodynamik- oder Strukturexperten herbeigerufen

Die Testflugmannschaft geht zum Erstflug an Bord des A380-Prototypen MSN001.

und direkt befragt werden. Die klobigen und schweren Computerregale an Bord der A380 sind in der Kabine schwerpunktnah in Höhe der Flügel montiert, während in beiden Decks vorne und hinten statt Passagiersesseln lange Viererreihen von Wassertanks eingebaut wurden. Ihren Inhalt kann man so hin- und herpumpen, das jeder gewünschte Beladungszustand und jede Schwerpunktlage erzeugt werden kann. Ein hecklastiges Flugzeug verhält sich im Flug anders als ein buglastiges. Die Grenzen für eine sichere Beladung müssen nicht nur berechnet, sondern auch praktisch erflogen werden. Im Verlauf des Zulassungsprogramms werden die Testmannschaften alle fliegerischen Geheimnisse der A380 ergründen. Auch im Oberdeck befinden sich, neben einem weiteren Ingenieurarbeitsplatz, Tanks. Im Heck ist auch die mühlsteingroße Kabeltrommel des im Flug auf 160 Meter ausgefahrenen Air Data Sensors installiert. Sein Schlauch zur Druckmessung wird innen durch die gewaltige Heckflosse geleitet und tritt an der hinteren Seitenleitwerksoberkante ins Freie. Hier oben baumelt die trichterförmige Sonde im Wind. Sobald ihr Schlauch im Flug abgespult wird, kann die Sonde weit hinter dem Flugzeug völlig unverfälschte Druckwerte messen, die nicht durch die eigenen Luftwirbel des Prototypen gestört werden.

Kurz vor dem Abheben legt die Besatzung noch ihre Rückenfallschirme an. Dies ist das übliche Verfahren beim ersten Start mit einem völlig neuen Flug-

Nach der Landung. Der damalige Airbus-Chef Noel Forgeard (oben rechts) und der damalige A380-Programmchef Charles Champion (oben links) empfangen die Rückkehrer. Die A380 ist direkt vor die Pressetribüne gerollt. Claude Lelaie (winkend) Jacques Rosay und, dahinter, Fernando Alonso werden gleich ihre Familien in die Arme schließen.

zeug, denn Sicherheit geht vor. Auch wenn die A380 heute fliegerisch nur wie ein rohes Ei behandelt werden soll, könnte zum Beispiel ein besonders schwerer Schaden am Fahrwerk eine reguläre Rückkehr mit normaler Landung verhindern. Andere denkbare Störungen wären Strukturschäden, Steuerungsprobleme oder gar ein nicht löschbares Feuer an Bord. Nur in einem nicht mehr beherrschbaren Notfall würde die Besatzung ihr Flugzeug über unbewohntem Gebiet durch eine für die ersten und potenziell besonders gefährlichen Flugtests eigens installierte Notluke in der vorderen Frachttür per Fallschirm verlassen. Zuvor müsste Airbus-Cheftestpilot Claude Lelaie dazu ein rotes Kästchen auf seiner vorderen linken Mittelkonsole im Cockpit öffnen und darin einen Griff ziehen, um die Luke abzusprengen. Beim Gang zum Absprungsschacht im vorderen rechten Hauptdeck, der ungefähr wie eine Telefonzelle ohne Tür aber mit Bodenluke aussieht, sollen der Besatzung selbst bei schweren Vibrationen leuchtend rot markierte Haltestangen an der Decke helfen, den Weg aus dem Cockpit und von den Ingenieur-Arbeitsplätzen an den Computerkonsolen zu bewältigen. Falls die Öffnung des Absprungschachts in einem Notfall nach oben zeigt, könnten die Insassen sogar über eigens eingebaute Leitersprossen zur rettenden Lukenöffnung hochklettern. Weil Erstflüge immer auch gefährlich sind, darf heute nur

eine elementare Testmannschaft mitfliegen. Ein Experimentalflugzeug ist für Gäste tabu.

10.29 Uhr, Startfreigabe. Der gesamte sonstige Flugverkehr in Toulouse-Blagnac ruht, nur ein kleiner Corvette-Privatjet mit Airbus-Fotografen an Bord ist als Beobachtungsflugzeug aufgestiegen. Er wird die A380 heute begleiten und filmen. Die Flughafenfeuerwehr hat neben der Startbahn an mehreren Positionen Stellung bezogen, es kann losgehen. Testpilot Jacques Rosay auf dem rechten Sitz, er ist auch der leitende A380-Projektpilot, darf beim ersten Start steuern. Sein Chef, Claude Lelaie, er ist der Leiter der gesamten Testpilotenabteilung bei Airbus, auf dem linken Sitz, wird dagegen landen. Kurz nachdem die vier Leistungshebel der Triebwerke in die Raste für vollen TOGA-Schub (Take-Off/ Go around) geschoben werden, nimmt der riesige Vierstrahler Fahrt auf. Ohne das heiße Flimmern hinter den vier bauchigen Trent-Turbofan-Triebwerken von Rolls-Royce würde man gar nicht glauben, dass die Triebwerke schon unter Hochleistung laufen, denn auch beim immer schnelleren Näherkommen bleibt die A380 für so ein großes Flugzeug ungewöhnlich leise. Das tiefe Dröhnen moderner Mantelstromtriebwerke unter Volllast fehlt. Das ist kein Zufall, denn die A380 soll später vor allem auf überfüllten Drehkreuzflughäfen in Großstädten eingesetzt werden, darunter in London-Heathrow. Hier aber gelten die weltweit strengsten Lärmgrenzwerte, genannt »QC2« (QC steht für »Quota count«, also »Zahlenwert«), weil der dicht besiedelte Londoner Großraum bei Langstreckenflügen auch nachts überflogen werden muss. Nur wenn die A380 nachweisbar die weltweit strengsten Londoner Lärmgrenzen einhält, wird sie auch von den Airlines gekauft werden und ein wirtschaftlicher Erfolg für ihren Hersteller. Zur Lärmreduzierung hat Airbus auf Wunsch der Airlines deshalb im Lauf der A380-Entwicklung den Triebwerksdurchmesser erhöht und dabei sogar absichtlich einen geringfügig höheren Widerstand und einen leichten Mehrverbrauch in Kauf genommen. Vereinfacht ausgedrückt überträgt das vergrößerte Triebwerk seine Kraft auf einen größeren Luftstrom, der dadurch etwas langsamer und leiser austreten kann. Außerdem wird der heiße und laute innere Gasstrom in mehr kühler und leiserer Luft des äußeren Mantelstroms »verpackt«. Die A380 soll sogar leiser, als die kleinere und leichtere Boeing 747-400 werden.

Nach dem Aufsetzen rollt MSN001 majestätisch vor die Ehrentribüne.

Im Laufe des späteren Flugprogramms wird der Lärm vor der Zulassung noch amtlich vermessen werden.

Dann hat die heute insgesamt 421 Tonnen (maximal schafft sie später 560 Tonnen) wiegende A380, sie ist damit schwerer als jedes bisherige Verkehrsflugzeug, nach rund 1500 Metern Rollstrecke ihre Abhebegeschwindigkeit erreicht, »VR«-Rotationsgeschwindigkeit. Bei knapp 150 Knoten zieht Jacques Rosay mit der rechten Hand ganz leicht an seinem Sidestick, dem bei Airbus typischen seitlich installierten elektronischen Steuerknüppel, und das Bugrad hebt ab. Mit einem kleinen Satz drängt das Flugzeug förmlich an den Himmel und steigt ganz sanft und noch mit ausgefahrenem Fahrwerk wie auf Schienen in die kühle Morgenluft. Der Testpilot berichtet später: »Beim Start ist man voll konzentriert auf alles Mögliche, das schief gehen kann. In dem Moment, als ich abhob wusste ich, das ist ein gutes Flugzeug. Die einzige Überraschung war, dass sie uns nicht überrascht hat. Jeder Airbus-Pilot kann auch die A380 fliegen. A380-Fliegen ist fast so leicht wie Fahrrad fahren«, übertreibt der fliegerisch sehr erfahrene Rosay. Aus Sicherheitsgründen darf die A380 beim ersten Start übrigens noch nicht über das Stadtgebiet von Toulouse fliegen. Flugzeuge starten nach Möglichkeit immer gegen den Wind. Deswegen wurde ein Tag abgewartet, bei dem der Wind aus Norden blies, so dass die der Stadt abgewandte Startrichtung möglich wurde.

Ganz langsam klettert »Oskar Whiskey« aus 600 Meter auf 3000 Meter oder 10 000 Fuß, wie die Piloten sagen und verschwindet in einer hohen Dunstschicht aus dem Blickfeld der Betrachter am Boden. Die Landeklappen bleiben zunächst noch ausgefahren und auch das Fahrwerk wird erst nach zwanzig Minuten zum ersten Mal ein- und wieder ausgefahren. Der mitfliegende Corvette-Privatjet filmt und fotografiert die A380 dabei. Jetzt kann auch die Druckkabine nach vorherigen erfolgreichen Bodentests zum ersten Mal im Flug in Betrieb genommen werden. Dazu leitet die Besatzung Druckluft aus den Triebwerken in das innere der Kabine, damit die Passagiere später ohne Sauerstoffmasken in der dünnen Höhenluft atmen könnten. Ist alles dicht? Bilden sich Risse? Alles klappt, aber in 10 000 Fuß könnte man auch ohne Druckkabine wie jeder Bergwanderer auf der Zugspitze noch normal atmen. Die Dienstgipfelhöhe der A380 soll, wie bei anderen Jets, später bei 13 100 Metern liegen, in so einer Höhe braucht jeder Insasse eine funktionierende Druckkabine oder Sauerstoffmasken, sonst würde man schon binnen weniger Sekunden ohnmächtig und würde am Sauerstoffmangel sterben.

Jetzt stehen erste Manöver auf dem Programm der Testbesatzung. Legt sich die A380 sauber in die Kurve, folgt sie Steuereingaben sinngerecht, schaukelt sich das Flugzeug unkontrolliert auf, vibrieren Teile oder lösen sich gar und lässt sich die Triebwerksleistung genau regeln? Mit leichten Slalomkurven proben die Piloten das Kurvenverhalten. Das Flugzeug soll sich nach absichtlich herbeigeführten leichten Störungen der Flugbahn von selbst stabilisieren. Schritt

Mit laufenden Triebwerken rollt die A380 vor der Pressetribüne aus.

für Schritt wagt sich die Besatzung jedes Mal etwas weiter vor. In sicherer Höhe wird im Langsamflug zunächst ein Landeanflug bis knapp unter die spätere Aufsetzgeschwindigkeit simuliert, damit klar ist, dass das Flugzeug bei plötzlichen Problemen jederzeit sicher zum Flugplatz zurückkehren und landen könnte.

Noch fliegt die A380 im so genannten »Direct Law«. Dieser Direktmodus der Steuerung heißt nichts anderes, als reine Handsteuerung und wird ausschließlich bei Testflügen des Herstellers verwendet. Alle modernen Flugzeuge mit elektronischer Flugsteuerung, man nennt sie auch »Fly-by-wire«-Steuerung (übersetzt »Fliegen per Stromkabel« im Gegensatz zu mechanischen Seilzügen) nutzen ständig einen eigenen Computer, dessen Software alle Steuereingaben der Piloten an den Sidesticks und den Seitenruderpedalen »filtert«. Der Computer leitet alle Steuerimpulse per Kabel an die hydraulischen Stellmotoren in den Flügeln und im Leitwerk weiter. Er verbessert im so genannten »Normal Law«, dem ständigen Modus im späteren Normalbetrieb, alle Eingaben automatisch so, dass zum Beispiel eine vom Piloten gewünschte Kurve nur mit den minimal nötigen Ruderausschlägen bewerkstelligt wird. Das spart Luftwiderstand und Treibstoff. Auch vor gefährlichen Flugzuständen kann die Computersoftware mit ihrer »Flight Envelope Protection« schützen. Zu steile Steig- oder Sinkflüge oder Steilkurven über festgelegte Schwellenwerte hinaus, gibt der Computer nicht mehr als Steuerimpuls in voller Härte »nach hinten« weiter. Er verhindert damit, dass das Flugzeug strukturell überlastet wird und im Extremfall zerbricht. Falls das Flugzeug extrem langsam wird, fährt der Computer sogar selbstständig die Landeklappen aus und erhöht die Triebwerksleistung, um einen gefährlichen Strömungsabriss zu verhindern. Normalerweise läuft die elektronische Schutzautomatik später ständig mit. Selbst in einem extrem unwahrscheinlichen Notfall mit den schlimmstmöglichen kombinierten Systemausfällen, etwa bei Computerstörungen und dem Ausfall aller vier Triebwerke, des Hilfstriebwerks im Heck und der Batterie funktioniert die Automatik. In diesem Fall würde die ausklappbare Notstromturbine in einer verdickten Verkleidung des inneren Landesklappenantriebs am Flügel, die Ram Air Trubine (RAT) vom Fahrtwind getrieben, genug Elektroenergie liefern, um die Software im so genannnten »Alternate Law« mit leichten Einschränkungen weiterlaufen zu lassen und um die zusätzlich eingebauten Notinstrumente im Cockpit zu versorgen. Allerdings ist der Hauptzweck der Fly-by-Wire-Steuerung nicht ein ständiger »Kampf gegen Katastrophen«, sondern die Arbeitserleichterung für die Piloten durch die Entlastung von Routinearbeiten und die Verbrauchsoptimierung durch ständige automatische Korrekturen. Die Linienpiloten bleiben dafür verantwortlich, das Flugzeug stets innerhalb sicherer Betriebsgrenzen zu bewegen. Nur wenn man die Computersicherung als zusätzliche Sicherung versteht, macht sie das Fliegen sicherer.

Doch heute für den Erstflug haben die Testpiloten zum Start das »Normal Law« zunächst abgeschaltet. Das bedeutet, ihre Steuerbefehle werden ungefiltert weitergeleitet, damit die Crew die elementaren Flugeigenschaften der A380 besser beurteilen kann. Die Testpiloten sind später an der Feinjustierung des Steuerungscomputers für das »Normal Law« beteiligt und versuchen ihn später so einzustellen, dass die A380 den anderen Airbus-Mustern beim Flugverhalten möglichst nahe kommt. Deswegen müssen sie auch das »Rohflugverhalten« der A380 vor allen Korrekturen genau kennen. Nur die Airbus-Testpiloten erleben das Flugverhalten der A380 völlig ungeschminkt. Jeder Linienpilot wird dagegen später ausschließlich im elektronisch optimierten »Normal Law« fliegen. Seit der A320 haben alle Airbus-Flugzeuge eine sehr ähnliche elektronische Flugsteuerung und nahezu gleiche Cockpits, was den Umschulungsaufwand für die späteren Linienpiloten verringert und ein wesentliches Airbus-Verkaufsargument geworden ist. Es dauert keine zwei Wochen im Simulator, einen A340-Piloten auf die viel schwerere A380 umzuschulen. Auch die Boeing 777 und die 787, sowie die russisch-ukrainischen Antonow An-124 und An-225 nutzen Fly-by-Wire-Steuerungen mit Computerhilfe im Cockpit, wie sie bei Militärflugzeugen schon länger üblich ist.

Um 11.35 Uhr hat die Besatzung die Steuerung jetzt erstmals in das »Normal Law« versetzt, die Klappen aus der Landestellung wieder in die Startstellung eingefahren und genießt eine Art Pause, bei der das ruhig fliegende Flugzeug vom Begleitjet für Werbeaufnahmen vor der malerischen Pyrenäenkulisse gefilmt wird. Als kleine Stärkung gibt es jetzt ein paar belegte Brote und jeweils ein Testpilot darf schon einmal durch das Flugzeug laufen, um alle Bereiche der Kabine zu inspizieren. Dann dreht das Corvette-Beobachtungsflugzeug kurz zum Auftanken ab. Nach seiner Rückkehr fliegt die A380 erneut Manöver und testet das Ein- und Ausfahren des Fahrwerks. Jetzt wird auch der Gierdämpfer zugeschaltet, der automatisch verhindert, dass die A380 im Flug um die Hochachse »eiert«. Aus Sicherheitsgründen bleibt die A380 beim Erstflug ständig in der Nähe von Toulouse und entfernt sich nie weiter als 100 Nautische Meilen (185 Kilometer) von ihrer Basis. Im späteren Testprogramm wird sich die A380 viel freier bewegen. Vier Datenfunkstationen entlang der französischen Atlantik- und Mittelmeerküsten zwischen Korsika und der Bretagne ermöglichen Messübertragungen aus weiten Teilen des südwesteuropäischen Luftraums, damit man den regulären Linienverkehr möglichst wenig stört.

260 Knoten Geschwindigkeit und 14 000 Fuß Flughöhe sind erreicht, als die Mannschaft mit eingeschaltetem Autopilot beginnt, sich auf ihre Rückkehr nach Toulouse und ihre Landung vorzubereiten. Weil eine Kontrolllampe anzeigt, dass eine Fahrwerkstür unter dem Rumpf am rechten Hauptfahrwerk nach mehreren Ein- und Ausfahrprobeläufen nicht richtig verriegelt sein könnte, schlagen die Ingenieure an Bord vor, eine letzte mögliche halbe Flugstunde zu streichen, um diese Klappe am Boden zu überprüfen. Vielleicht ist nur der Sensor defekt.

Kurz vor 14 Uhr kündigt die Besatzung noch einen tiefen Überflug an, der jetzt auch über das Stadtgebiet von Toulouse führen soll, wo auf dem Rathausplatz zahlreiche Schaulustige an Großbildwänden das Geschehen mit verfolgen. Unter dem Jubel der Fans überfliegt die A380 mit ausgefahrenem Fahrwerk den Flughafen und fädelt sich in eine weite Ostplatzrunde ein. Um 14.23 Uhr schwebt der Riese nach seinem historischen Erstflug zu einer sanften Landung ein und lässt sich unter sanftem Bremsen, heute noch ohne die Schubumkehr der beiden inneren Triebwerke, auf der Toulouser Piste 32L ausrollen. Zunächst stoppt MSN001 kurz am Flugtestgebäude und rollt dann zu den wartenden Ehrengästen und Journalisten an der Pressetribüne neben der Startbahn. Die sechs strahlenden Besatzungsmitglieder werden vom damaligen A380-Programmchef Charles Champion und vom damaligen Airbus-Chef Noel Forgeard auf der Gangway begrüßt.

Begrüßung der Crew nach ihrer erfolgreichen Rückkehr. Ganz rechts steht der damalige A380-Programmchef Charles Champion neben Airbus-Chef Noel Forgeard.

Wer sich die Testpiloten und Testingenieure grundsätzlich als Haudegen mit Lammfellkragen, breitbeinigem Gang und verspiegelter Sonnenbrille vorstellt, wird enttäuscht sein. Hier sind eher stille Denker mit bescheidenem Auftreten gefragt, die sich in ein Team einfügen und mit äußerster fliegerischer Präzision vorgegebene Testflugzustände hunderte Stunden lang immer wieder herbeiführen können und diszipliniert immer nur einzelne Parameter kontrolliert verändern. »Das wichtigste bei einem Testflug ist, zuerst das Flugzeug zu fliegen und sich nicht ablenken zu lassen«, erklärt Jacques Rosay. »Dabei muss man nach allen Steuereingaben und Veränderungen immer wie-

Übergewicht simulieren. Im Betonboden ist MSN5000 über ein Geflecht von Spezialankern fixiert, die eigens im Hallenboden eingebaut wurden. Im ersten neunwöchigen Versuchsabschnitt seit November 2004 wurde die Belastbarkeit des A380-Rumpfes und der Flügel im normalen Flugbetrieb untersucht: Lassen sich die Landeklappen und Luftbremsen, sie für die Tests hier nur am linken Flügel vorhanden, auch bei Turbulenzen ausfahren oder verkanten sie sich, sobald sich der Flügel biegt? Die 15 Testläufe vor dem Erstflug steigern sich von Belastungswerten der 0,6 fachen Grenzlast zur vollen Grenzlast. Bei der Simulation der »Limiting Load«, der höchsten jemals im Normalbetrieb anzunehmenden Grenzlast, werden zum Beispiel die Flügelspitzen von MSN5000 um vier Meter nach oben gebogen. Die Messergebnisse fließen direkt in die Leistungsberechnungen für den Erstflug von MSN001 ein. In einem eigenen Kontrollraum mit 20 Bildschirmarbeitsplätzen können die Airbus-Strukturingenieure während der statischen Belastungstests 8000 Parameter überwachen.

Je mehr praktische Messergebnisse vorliegen, desto mehr können die Experten die A380-Struktur »abmagern« und leichter machen. Als Direktor der Strukturabteilung erklärt der deutsche Jan Stüben sein Vorgehen: »Die Konstruktion der A380 ist ‚konservativ' (mit zusätzlichen Sicherheitsmargen) gerechnet. Wir starten auf der sicheren Seite und optimieren dann das Gewicht. Es ist ein Wechselspiel zwischen Festigkeit und Gewicht. Je mehr Messergebnisse wir haben, desto mehr können wir die Struktur verbessern. Das war auch bei der A340-600 so.« Nach den ersten neun Wochen im »Normalbetrieb«, in dem die Originalmessgeräte des fliegenden Prototypen MSN001 an Bord des Testrumpfes kalibriert werden, belastet man MSN5000 zunehmend härter. Nach der Zulassung der A380 gehen die Ingenieure mit dem Testrumpf sogar bis zum finalen Schritt: Sie ermitteln die Bruchlast, also den Moment, in dem die Struktur nach absichtlicher Überlastung versagt. Man benötigt diese Zerstörungswerte um alle Rechenmodelle für künftigen Konstruktionen zu überprüfen und zu verbessern. Dazu schrecken die Ingenieure auch nicht davor zurück, die Flügelspitzen ihrer A380 am Ende gewaltsam um ganze zehn Meter nach oben zu zerren. Jetzt bei einer Extremlast, die bei keinem realen Flug auftritt, soll der Flügel sogar, und zwar möglichst genau wie vorher berechnet, brechen. Der Flügel von MSN5000 brach allerdings etwas zu früh. Statt bei einer Last von 1.50 Limit Load (LL), also dem Eineinhalbfachen dessen, das ein Flugzeug einmal in seinem Leben als Ausnahme-Höchstlast aushalten muss, zeigten sich schon bei 1.46 LL Risse. Airbus führte den etwas zu frühen Bruch auf die Belastung und Alterung des Bauteils bei vorherigen Tests bis kurz vor die Bruchgrenze zurück. Auch die Luftfahrtbehörden folgten dieser Ansicht und zertifizierten den Flügel nach leichten Verstärkungen von etwa 30 Kilogramm Masse pro Flügel und einem weiteren virtuellen Bruchtest im Airbus-Computer.

MSN5000 endete mittlerweile als buchstäblicher »Schrotthaufen«. Trotzdem war dieser Testrumpf ein besonders wichtiger Wegbereiter der A380. Das Rumpfheck von MSN5000, die so genannte Sektion 19 hinter dem Druckschott, und das Seitenleitwerk der A380 wurden übrigens separat untersucht. Diese Bauteile aus Kohlefaser wurden in Hamburg getestet. Damit die Heckflosse nicht zuviel Platz wegnahm, wurde sie in ihrem Testhangar in Finkenwerder um 90 Grad flach gelegt.

Weil Strukturversuche neben Grenzlast und Bruchlast auch bedeutende Aufschlüsse über die Materialermüdung und Lebensdauer eines Flugzeugs im Alltagsbetrieb liefern können, leistet sich Airbus noch einen zweiten niemals fliegenden A380-Testrumpf mit der Werknummer MSN5001. Diesmal werden jedoch dynamische Lasten gemessen, das heißt eine hydraulische Apparatur aus 1800 Tonnen Stahl zerrt und »wackelt« mittels 190 hydraulischer Druck- und Zugzylinder Computer gesteuert am Rumpf, um die Belastungen und den Verschleiß im Laufe eines kompletten und Jahrzehnte langen Flugzeuglebens wie im Zeitraffer zu erzeugen und am realen Objekt zu messen. Testrumpf MSN5001 steht am Flughafen Dresden, nämlich bei den Spezialisten von IABG. Weil man eine komplett montierte A380 mit Flügeln nicht auf dem Landweg von Toulouse nach Dresden transportieren konnte, reiste stattdessen die Toulouser Endmontagemannschaft mit 100 Spezialisten im Herbst 2004 an die Elbe, um die per Schiff und Schwerlasttransport angelieferten Rumpfsegmente und Flügel ausnahmsweise in Sachsen zu montieren. Im Gegensatz zu den scheinbar in Zeitlupe ablaufenden statischen Belastungsversuchen von MSN5000 in Toulouse, gibt es

Links: In der Bodenkontrolle während eines Flugs.

Rechts: Die Testingenieur-Station an Bord von MSN001.

bei MSN5001 seit September 2005 ständig »Action«. Damit man möglichst schnell die Alterungsprozesse am Flugzeug verfolgen kann, wird es Tag und Nacht belastet. In einer ständigen Abfolge von simulierten Starts und Landungen zerrt die Apparatur am Rumpf, biegt die Flügel hoch und runter und malträtiert das Flugzeug ohne Unterlass: Start, »Flug«, harte Landung, Start, »Flug«, harte Landung. Triebwerke, Fahrwerkskräfte und Landeklappen werden durch bewegliche Gewichte imitiert. Selbstverständlich wird auch die Druckkabine wie im späteren Reiseflug unter Druck gesetzt, also »aufgepumpt« und bei der Landung wieder auf den normalen Außendruck entleert. Auch dabei verbiegt sich die Struktur und das Material altert. Während das Jahresalter von Flugzeugen relativ unbedeutend ist, misst man ihren Verschleiß in Starts- und Landungen, Flugstunden und Druckkabinenzyklen. MSN5001 durchleidet binnen 26 Monaten 47 500 Belastungszyklen. Danach entspricht der Testrumpf einem Flugzeug, das 25 Jahre im härtesten Dauereinsatz stand. Schon bei der A380-Zulassung wird man wissen, wie lange eine A380 nachweislich sicher betrieben werden kann und an welchen Bauteilen sich späterer Verschleiß einmal zuerst bemerkbar machen wird. Bis Anfang 2006 hatte MSN5001 schon 5000 Starts- und Landungen absolviert. Die Dresdner A380 ist der weltweit größte Gesamtzellen-Ermüdungsversuch. Bei Redaktionsschluss unserer Neuauflage, im Spätsommer 2008, lief der Dresdner Test noch immer.

Schließlich ist noch ein dritter Airbus A380 am Entwicklungs- und Zulassungsprogramm beteiligt, der niemals abheben wird, der so genannte Iron Bird, der »Eisenvogel«. Er ist ein reiner Funktionssimulator, das heißt statt aus einem Originalrumpf besteht er nur aus einem turnhallengroßen Metallgerüst, dass die Originalmaße einer A380 aufweist. In der Mitte befindet sich der »Rumpf«, seitlich, aus Platzgründen parallel an den Rumpf angelegt, die beiden »Flügel« und am Heck das Höhen- und Seitenleitwerk. Obwohl man den abstakten Iron Bird äußerlich nur als A380 erkennt, wenn man weiß, worauf man achten soll, ähnelt dieses Stahlgerüst einer wirklichen A380 funktional bis ins Detail. Denn hier sind alle Hydraulik- und elektrischen Leitungen wie im Originalflugzeug verlegt. Dadurch kann man erstmals das neuartige 5000-psi-Hochdrucksystem der A380 praktisch erproben. Der erstmals bei Airbus von 3000 auf 5000 psi erhöhte Druck soll kleinere und leichtere Hydraulikleitungen ermöglichen. Dadurch wollen die Ingenieure Gewicht sparen. Im Militärflugzeugbau und bei der Concorde, die sogar 6000 psi Druck nutzte, sind Hochdruckhydrauliksysteme schon länger üblich. Auch die neue Boeing 787 und der Airbus A350 XWB jemals in die Nähe jener Flugzustände kommen, die die Testmannschaft hier auf sich genommen hat.

Auch bei Hitze, Kälte und Vereisung musste die A380 ihr Funktionieren beweisen. Für die Hitzetests flog Airbus zunächst nur kurz über das Mittelmeer nach Nordafrika ins tunesische Tozer. Die A380 absolvierte ihre Hitzeerprobung bei über 40 Grad am Boden dagegen in Australien und verband ihre Weltreise mit Werbeauftritten in Dubai und auf dem fünften Kontinent. Kälteversuche und Vereisungstests fanden dagegen im Winter 2005/2006 in Nordkanada statt. Danach ging es zur Höhenerprobung ins südamerikanische La Paz, dessen Flughafen 4200 Meter hoch liegt. In der dünnen Höhenluft musste die A380 zum Abheben schneller rollen und auch die erforderliche Landegeschwindigkeit nahm zu. Und schließlich gehörte die Erprobung der Triebwerke zum Testprogramm. MSN001 und MSN004 flogen bei einigen Tests mit nur drei Triebwerken und simulieren Gleitflüge völlig ohne Triebwerksleistung. MSN004 rollte auf der künstlich überfluteten Startbahn von Istres durch eine Wasserlache, um zu zeigen, dass die Triebwerke auch bei extremen Wolkenbrüchen sicher unter Vollleistung weiter laufen. Auch die Lärmentwicklung bei Starts und Landungen spielt eine wichtige Rolle.

Außerdem musste die A380 nachweisen, dass sie hinter sich keine extremen Wirbelschleppen verursacht, die den folgenden Flugverkehr zwingen, erhöhte Sicherheitsabstände einzuhalten. Die A380 soll keine stärkeren Wirbel als eine 747 verursachen, damit sie die Anflugkapazität der von ihr frequentierten Drehkreuzflughäfen nicht vermindert. Erste Messungen zeigten, dass die Luftwirbel hinter einer A380 in einer relativ großen Bandbreite von »harmlos« bis »gefährlich« auftreten können. Deshalb verordneten die Luftfahrtbehörden vorübergehend erhöhte Sicherheitsabstände hinter der A380. Vergleichsmessungen hinter einer Boeing 747-400 zeigten dort eine ähnliche Bandbreite, so dass Airbus vorschlug, beide großen Flugzeuge gleich zu behandeln und entweder für beide die Abstände zu erhöhen oder für beide nicht. Auch die Antonow An-225 fliegt in der Gewichts- und Wirbelschleppenkategorie der A380 und darf ohne zusätzliche Staffelungsabstände fliegen. Aus dem A380-Testbetrieb in Toulouse, wo sich die A380 häufig mit dem regulären Linienflugverkehr mischte, waren zu-

Mit einem bewusst gesteuerten kleinen Satz hebt Testpilot Jacques Rosay die A380 beim Erstflug in die Luft.

nächst keine praktischen Wirbelschleppenprobleme bekannt geworden.

Als einzige A380 verfügt MSN001 für Vereisungstests über ein spezielles Beobachtungsfenster im hinteren Oberdeck. Aus der Kabine kann man dadurch das Seitenleitwerk filmen, sobald sich hier Eis ansetzt. Eine weitere Besonderheit ist die Sensorausrüstung von MSN001. In der Struktur verborgene Messfühler registrieren, wie sich das Flugzeug bei extremen Manövern und extremer Beladung verbiegt und verwindet. Dadurch kann man im Flug messen, ob die Struktur des Flugzeuges genau die vorausberechnete Festigkeit aufweist oder ob man Teile verstärken muss oder auch etwas leichter bauen könnte. MSN004 ist dagegen in der Sprache von A380-Konstrukteur Charles Champion ein »Performance-Flugzeug«. Es entspricht beim Gewicht noch genauer der späteren Serien-A380 und dient zu Messflügen, um bereits sehr genaue Verbrauchswerte und Reichweitendaten zu ermitteln. Weil die ersten beiden A380 an der nie ganz ungefährlichen Anfangsflugerprobung beteiligt sind, haben die Ingenieure einen zusätzlichen Notausgang eingebaut, falls die Testcrew per Fallschirm aussteigen muss. Die vordere Frachtluke im untersten Deck wurde gegen eine veränderte Luke ausgetauscht, in deren Mitte man eine Notausstiegsöffnung aufsprengen kann. Der Schalter dazu befindet sich im Cockpit. In der Kabine müsste sich die Besatzung im Hauptdeck über die Frachtraumluke begeben und hinter einer Klappe im Boden durch einen Schacht in den Frachtraum rutschen.

Die Absprungöffnung im vorderen Rumpfluk eröffnet nach Berechung der Ingenieure die besten Chancen, noch an den Flügeln und den gefährlichen Triebwerken vorbei zu kommen.

Die nächsten beiden Testflugzeuge, MSN002 und MSN007 verfügten schon nicht mehr über die Absprungluken. Bis sie in der Luft waren, hatten MSN001 und MSN004 bereits alle besonders gefährlichen Versuche durchlaufen. Die Nachfolger erhielten dagegen erstmals von Anfang an eine vollständige Kabineneinrichtung mit Passagiersesseln statt Ballasttanks. Dazu

Nach dem Abheben stieg die A380 zunächst noch mit ausgefahrenem Fahrwerk in ihr eigens gesperrtes Testfluggebiet.

Begleitet von einem Corvette-Begleitflugzeug, landet die A380 sanft, nachdem sie im Stadtzentrum von Toulouse eine jubelnde Menschenmenge überflogen hat.

flogen beide A380 nach Hamburg, wo die Kabinenausstattung und Lackierung aller Serien-A380 erfolgt. MSN002 diente der grundsätzlichen Kabinenerprobung und absolvierte die ersten internen Passagierflüge mit Airbus-Mitarbeitern, die so genannten »Early long Flights«. Sie dauerten zwischen sieben und 15 Stunden. Hierbei ging es darum, ob sich die Kabine wie geplant heizen und kühlen lässt, ob die Toiletten und Waschräume funktionieren, ob alle Systeme für die Bordunterhaltung, alle Lautsprecher und Sessel und die Sauerstoffmasken korrekt funktionieren, aber auch um die Frage, ob es an Bord etwa unangenehm zieht oder ob die Bordcomputer durcheinander kommen, wenn plötzlich einige hundert Passagiere gleichzeitig, den Rufknopf für die Stewardess drücken. MSN007 profitierte bereits von den Testergebnissen ihrer Schwester und galt nach Angaben von A380-Chefkonstrukteur Charles Champion als erstes Flugzeug im endgültigen Serienstandard. Viele Komponenten sind nochmals für die Serienfertigung optimiert worden und dadurch leichter. MSN007 konzentrierte sich auf die »Route Proving Flights«. Hier waren oft schon Mitarbeiter von Kundenairlines an Bord die jetzt das Flugzeug schon nach den Kriterien des Linieneinsatzes bewerten. Auch die Flughafenabfertigung und das Beladen mit Fracht konnten hier untersucht werden. Nachdem die ersten vier A380-800 mit Rolls-Rolls-Triebwerken ausgerüstet waren, wurde noch ein fünftes Exemplar benötigt, um auch den alternativ angebotenen Antrieb der Engine Alliance zu erproben. MSN009 übernahm diese Aufgabe. Im Laufe ihres Zulassungsprogramms waren die fünf ersten A380 gut 2500 Flugstunden in der Luft.

Fernando Alonso, Vice President Flight Test bei Airbus und Besatzungsmitglied beim A380-Erstflug, fasste im Spätsommer 2005 den bisherigen Stand der A380-Flugerprobung zusammen: »Bis zum 25. August hatten wir 72 Flüge mit 247 Flugstunden absolviert. Dabei saßen 22 Testpiloten am Steuer und sind selbst gelandet, unter ihnen auch zwei EASA-Behördenvertreter. In der Kabine sind 31 Flight Test Engineers, darunter ebenfalls zwei von der EASA, mitgeflogen.« Der leitende A380-Testpilot Jacques Rosay fährt fort: »Von unseren eigenen Testpiloten sind nur drei bis vier von den ganz jungen noch nicht selber geflogen. Wir wollen aber, dass alle die A380 kennen lernen. Bisher brauchte man immer ausdrücklich Testpiloten weil bisher noch nicht alle Flugzustände für Nicht-Testpiloten zugelassen waren. Ab Mitte September rechne ich aber damit, dass auch die ersten Trainingspiloten unserer Kunden ans Steuer dürfen. Sofern einer unserer Testpiloten der Kategorie »B2« als Kapitän fliegt, wäre sogar ein normaler Linienpilot als Copilot möglich. Allerdings bräuchten wir dazu ein zweites Flugzeug, damit wir im Testkalender nicht zurückfallen. Im Moment steht der Testflugplan im Vordergrund.«

Fernando Alonso: »Seit der Luftfahrtmesse in Le-Bourget waren wir zweimal täglich in der Luft, einmal vormittags und einmal nachmittags. Etwa drei Stunden Flugzeit sind normal. Der längste Flug bisher dauerte acht Stunden. Das belegt die Zuverlässigkeit der A380. Die ganze Infrastruktur stimmt. Nur in der 11. Flugwoche haben wir die A380 am Boden gelassen, sonst haben wir die Wartung nebenher erledigt.« Der leitende Testingenieur erläutert, dass auch die jeweils nur sechs Minuten und vierzig Sekunden langen Messe-Vorführflüge über LeBourget von den mitfliegenden Ingenieuren ausgewertet wurden: »Bei so einem gedrängten Flugprogramm sind die Piloten ordentlich im Stress. Sie währenddessen mit all ihren Handlungsabläufen unter Zeitdruck zu beobachten ist für uns ganz besonders interessant, um eventuelle Fehlerquellen im Cockpit und bei der Bedienung auszumerzen.«

Alonso erläutert das bisherige Testprogramm: »Die ersten zwei bis drei Wochen haben wir uns das Flugzeug im »Direct Law« und »Normal Law« der elektronischen Flugsteuerung angeguckt und das Geschwindigkeitsspektrum immer weiter geöffnet. Danach konnten wir mit dem richtigen Testen beginnen. Wir sind sehr zufrieden mit dem Handling und mit der Aerodynamik. Schon nach knapp einem Monat, beim 17. Flug, konnten wir die erste automatische Landung absolvieren. Nach den ersten drei bis vier Flügen haben wir bereits Engine-Relights getestet, also das Wiederanlassen abgestellter Triebwerke im Flug. Außerdem haben wir die Staudruckturbine ausgefahren, die im Notfall Strom liefert. Wir sind jetzt schon bei der Feinjustierung.«

Alonso ergänzt, dass das so genannte High Incidence- und Alpha-Floor-Protection System, das automatisch den Anstellwinkel in sicheren Bereichen hält und vor drohendem Strömungsabriss im Langsamflug sogar automatisch Schub gibt, ohne Änderungen funktioniere. Auch das im späteren Linienflugbetrieb genutzte Normal Law funktioniere »gut«. Alonso: »Persönlich meine ich, wir könnten die Flugsteuerung schon im jetzigen Stadium zugelassen kriegen. Das war eine gute Überraschung, weil es sonst sehr teuer geworden wäre, Handling oder Aerodynamik jetzt noch grundsätzlich zu ändern. Auch MSN004 muss gegenüber MSN001 nicht grundsätzlich verändert werden.«

Trotzdem weise MSN001 einige Unterschiede zur nächsten A380 auf: »Die Triebwerke von MSN001 entsprechen noch nicht dem endgültigen Standard und wir haben, wie erwartet, bei MSN001 noch einen etwas höheren Widerstand an Rumpf und Tragflächen.« An den Triebwerken störte die Ingenieure vor allem ein anfänglich zu hoher Ölverbrauch, weshalb die nächsten A380 eine leicht modifizierte Trent-Ausführung erhalten.

Dann berichtet Testpilot Jacques Rosay über seinen derzeitigen Testschwerpunkt: »Wir öffnen gerade das gesamte Geschwindigkeitsspektrum in allen Höhen- und Zuladungsbereichen.« Man stehe bereits mit Schnellflügen von Mach 0.95 auf Dienstgipfelhöhe kurz vor der »roten Linie« bei Mach 0.96 und habe bereits das transsonische Regime erreicht. Dabei bilden sich am Flugzeug Bereiche mit lokaler Überschallströmung. Das Flugzeug vibriert und bockt heftig. Rosay beruhigt: »Es ist ungefähr so, wie auf einer Holperstraße. Die bisherigen Flattereigenschaften sehen problemlos aus. Wir sehen uns an wie sich der Flügel verhält. Das Schütteln hat sich ganz allmählich aufgebaut. Erst ein bisschen und dann langsam zunehmend. Andere Flugzeugmuster fangen dagegen ganz plötzlich an.«

Man merkt den Profis dennoch ihren Respekt vor der Maximalgeschwindigkeit an, bei deren Erreichen man auf Überraschungen gefasst sein muss und der Flugzeugstruktur Lasten kurz vor der Bruchgrenze zumutet. Fernando Alonso: »Mach 0.96 sollte man so selten wie möglich fliegen. Um so schnell zu werden, steigt man erst auf 38 000 Fuß und sinkt dann wie verrückt.« Für die Zulassung muss die A380 bei Mach

Blick hinter die Kulissen

Die Technik der A380

Das Hauptfahrwerk der A380 besteht aus den beiden zweiachsigen Flügelfahrwerken und den beiden dreiachsigen Rumpffahrwerken. Deren letztes Rad ist steuerbar.

Auf den ersten Blick scheint die A380 eher konventionell anzumuten. Man könnte fast denken, ein Tiefdecker mit vier Triebwerken, was ist schon dabei? Die erste Besonderheit, die man sofort erkennt, wenn man vor dem echten Flugzeug steht, ist seine schiere Größe. Wenn man eine Modellbahn zum Vergleich nimmt, wirkt eine A319 für immerhin 156 Passagiere vor der A380 etwa wie eine winzige Spur-Z-Lokomotive im Vergleich zur HO-Bahn. Ein einzelner Flügel der A320-Familie ist 14,5 Meter lang und an der Rumpfseite 6,1 Meter breit. Ein A380-Flügel ist aber 36,3 Meter lang und 17,7 Meter breit. Man könnte darin mühelos aufrecht stehen. Das Höhenleitwerk am Heck der A380 erreicht nur 89 Prozent der Spannweite einer A320 aber besitzt 168 Prozent von deren Flügelfläche. Die zweite wesentliche Besonderheit liegt unter der Haut verborgen: Die A380 besteht zu wesentlichen Teilen aus neuen Werkstoffen. Deren Anteil von 25 Prozent am Rumpf entspricht einer zusätzlich möglichen Nutzlast von 15 Tonnen. Die A380 ist ein hochmodernes High-Tech-Flugzeug, aber ihre Neuerungen erkennt man erst auf den zweiten Blick.

Nachdem sich die Ingenieure über die grundsätzliche Form eines neuen Musters klar geworden sind, müssen sie die Struktur des Flugzeuges entwerfen, also das komplizierte tragende Gerüst, das die Kräfte aufnimmt, die am Boden und im Flug beim harten

Flugalltag im Laufe von Jahrzehnten auf ein Flugzeug wirken. Die Doppeldeckstruktur der A380 muss mit den unterschiedlichsten Aufgaben fertig werden: Zunächst einmal muss der Rumpf die Auftriebskräfte des Flügels aufnehmen und alle Lasten im inneren der Kabine tragen. Dazu gehört unter anderem die Kabineneinrichtung, die Fußböden, die Elektronik, Küchen, Toiletten und die gesamte Nutzlast. Von vorne muss der Rumpf die Kräfte des Fahrtwindes aushalten, dazu gehören auch aufprallende Vögel oder große Hagelkörner. Unterhalb des Bugs sitzt das Bugfahrwerk. Bei Starts und Landungen muss die Struktur seine Kräfte und die des Hauptfahrwerks aufnehmen, selbst wenn die A380 einmal mit maximaler Landemasse etwas härter aufsetzt. Sogar das spätere Aufbocken in der Werft müssen die Ingenieure konstruktiv berücksichtigen. Das riesige Seitenleitwerk ist von vorne ebenfalls den Kräften des Fahrtwindes und Vogelschlägen ausgesetzt, aber wenn das Ruder stark ausschlägt, treten zusätzliche Scherkräfte auf, die eine Struktur erheblich belasten. Bei einem Unglück in New York ist nach mehreren heftigen Seitenrudereingaben der Piloten sogar schon einmal die gesamte Heckflosse einer älteren A300 abgebrochen. Allerdings ergab die Untersuchung, dass das Bauteil erst jenseits seiner konstruktiven Höchstlast brach. Die Piloten waren nach dem Durchfliegen von Turbulenzen hinter einem voraus fliegenden Jet ein spezielles Manöver, eine sogenannte »Upset Recovery«, mit mehreren absichtlichen starken Seitenruderausschlägen in Folge geflogen, die aber in dieser Form für ihr Flugzeug vom Hersteller ausdrücklich untersagt war. Airbus hat die Zahl der Leitwerksbefestigungsbolzen an der A380 vorsorglich trotzdem von sechs auf zwölf verdoppelt.

Die größte strukturelle Belastung entsteht aber durch die Druckkabine. Wenn ein Flugzeug seine Reiseflughöhe in der dünnen Höhenluft erreicht hat, bläht sich seine Druckkabine nach außen auf. Innen herrscht ja ein wesentlich höherer Druck, um den Passagieren das normale Atmen ohne Sauerstoffmasken zu ermöglichen. Durch das ständige Ausdehnen und wieder Zusammenziehen bei der Landung altert die Struktur der Druckkabine. Dennoch dürfen sich keine Risse bilden. Heute hat man diese Phänomene im Griff. Das erste Düsenverkehrsflugzeug der Welt, die britische Comet I, durchlitt jedoch Anfang der fünfziger Jahre eine ganze Absturzserie, bevor man deren Ursache in Haarrissen der Kabinenhaut fand, die durch die damals neuartige Druckkabine überstrapaziert worden war.

Aus den unterschiedlichen Belastungen eines Flugzeugs ergibt sich auch eine unterschiedliche Materialverwendung. Bei der Materialauswahl verwenden die Ingenieure eine eigenen Fragenkatalog: So geht es zum Thema Strukturdesign um die Frage, ob das Material die gewünschten Konstruktionsprinzipien ermöglicht, ob es sich testen lässt und wie es sich bei Fehlern verhält. Bei der Materialtechnologie geht es um Fehlertoleranzen, den Oberflächenschutz und um die Einsetzbarkeit und die behördliche Zulassung. Schließlich wirft die eigentliche Produktionsplanung eine ganze Reihe von Fragen auf: Kann man das Material schneiden, durchbohren und nieten? Lässt es sich schweißen oder kleben? Welche Formen kann man daraus bilden? Lässt es sich durch Hitze behandeln? Welche Toleranzen weist es auf und wie müsste eine Fertigungslinie aussehen? Das nächste Kapitel ist die Wartung: Wie kann man die verbleibende Festigkeit testen? Wie kann man das Material inspizieren und reparieren? Auch die Frage der Materialbeschaffung ist wichtig: Wer könnte die benötigte Qualität und Menge liefern? Was kostet das Material und was kosten die daraus hergestellten Komponenten im Vergleich zu anderen Werkstoffen? Auch die Patentrechte können eine entscheidende Rolle bei der Materialauswahl spielen. Für die Berechnung der direkten Betriebskosten des späteren Flugzeugs müssen schließlich noch die Gesamtkosten des Materials und sein Gesamtgewicht berechnet werden. Jedes Material hat bestimmte Vor- und Nachteile. Deshalb hat Airbus bei der A380 wie bei einem kunstvollen Flickenteppich das jeweils bestgeeignete ausgesucht und verwendet. Der Direktor für die Materialauswahl der A380 ist der deutsche Jan Stüben. Er ist vom gewählten Werkstoffmix überzeugt: »Er wirkt zwar ungewöhnlich, aber er ist für die geforderten Aufgaben das Beste.«

Das »Skelett« des Flugzeuges und die meisten Teile bestehen aus Aluminium. Das Leichtmetall hat sich seit Jahrzehnten weltweit im Flugzeugbau bewährt und gilt einerseits als besonders robust, lässt sich in fast beliebige Formen biegen und einfach mit anderen Teilen verbinden. Alu wird außerdem für die Rumpfhaut im Cockpitbereich, für die Beplankung der gesamten Rumpfunterseite und für das mittlere Rumpfsegment, die so genannte Sektion 15, verwendet, also jenes »Röhrenstück«, in dessen Mitte die Flügel befestigt sind. Allerdings nutzt Airbus für die winkelförmigen Versteifungsleisten an der Innenseite der Außenhaut, die man Stringer nennt, ein neues von EADS entwickeltes Laserschweißverfahren zur Verbindung mit der Schale. Statt hunderttausender Niete, sieht man an der Außenhaut aus so genanntem »6000er-Aluminium« deshalb nur noch unauffällige Streifen. Das Laserschweißen geht schneller und ist billiger, als das mühsame Nieten, das sich nur teilweise Automatisieren lässt und oft noch heute zu teurer Handarbeit im Flugzeugbau führt. Allerdings reden wir hier nicht von den Millionenstückzahlen der Auto-Industrie. Ein Flugzeug kann sich glücklich schätzen, wenn es einige hundert Mal produziert wird. Über 1000 Bestellungen sind schon ein seltenes Glück für jeden Hersteller. Flugzeugbau ist deshalb eine eigentümliche Mischung aus Manufaktur-Fertigung und Hochtechnologie. Deswegen spielt die möglichst preiswerte Fertigung, trotz sehr hoher Qualität und Zuverlässigkeit, eine wichtige Rolle beim Konstruieren von Flugzeugen. Völlig automatisierte Taktstrassen mit Robotern lohnen sich bei diesen Stückzahlen nicht.

Einen anderen Werkstoff, GLARE, verwendet man aus Gewichtsgründen im oberen Rumpfbereich vor und hinter dem Flügel. In den Sektionen 13, 15 vorne und 18 ist die Außenhaut im Vergleich nicht so stark belastet. Deswegen eignet sich der wie Schichtnougat aus dünnen Aluminium und Glasfaserfolien gebildete leichte Verbundwerkstoff, der mit einem Klebstoff verbunden wird, besonders in diesem Bereich. Durch die Schichtstruktur können sich winzige Risse, die sich im Lauf des Flugzeuglebens bilden, nicht fortsetzen. Sie stoßen ja bald an die nächste Werkstofflage. Deswegen gilt GLARE trotz seiner Leichtigkeit als besonders dauerhaft und sogar widerstandsfähig gegen Feuer.

Der zentrale Flügelkasten, er verbindet die beiden Flügel mit dem Rumpf und ist zusammen mit dem Flügelholm das strukturelle Herzstück eines jeden Flugzeugs, besteht bei der A380 dagegen aus Kohlefaser (CFK). Dieses einst exotische und lange Zeit sehr teure Material wird wie textiler Stoff auf der Rolle angeliefert. Wie in einer gigantischen Schneiderei trennt man sich ein Stück in der benötigten Größe ab und legt immer wieder neue CFK-Bahnen darauf, bis das Werkstück die gewünschte Dicke und Festigkeit erhält. Durch die Ausrichtung der Kohlefasermatten

Die Steuerbord-Flügelspitze wird mit einem grünen LED-Licht markiert. Der »Kasten« daneben enthält ein Blitzlicht der Kollisionswarnanlage.

kann man die Festigkeit des Werkstücks genau für die späteren Belastungen an Bord optimieren. Zuvor muss das CFK-Teil aber noch in den Ofen. In gewaltigen Heizschränken wird jedes Werkstück »gebacken« und kommt buchstäblich aus einem Guss wieder heraus. In seiner optimierten Belastungsrichtung ist CFK fester als Stahl, aber wesentlich leichter. Kleinere Teile fühlen sich so leicht an, als wären sie aus Pappe. Der Flügelkasten der A380 ist da schon etwas größer. Er stellt jede Doppelgarage in den Schatten. Ursprünglich wollte Airbus erst bei der schwereren A380-Frachtversion eine »CFK-Center-Wingbox« einführen, aber aus Gewichtseinsparungsgründen spendierte man sie bereits der A380-800-Passagierversion. Ein weiteres CFK-Werkstück ist das hintere Druckschott. Dieser gewaltige, nach außen gewölbte »Deckel« mit 6,2 Metern Durchmessern schließt die im Flug unter Druck stehende röhrenförmige Passagierkabine zum nicht Druck beaufschlagten Heckbereich am Leitwerk ab. Auch das gesamte Heck mit der gewaltigen Seitenruderflosse ist aus Gewichtsgründen aus CFK. Zu ergänzen sind noch die CFK-Fußbodenquerträger im Oberdeck.

Auch die Flügel müssen mit einer Kombination unterschiedlicher Belastungen zu Recht kommen. Die Flügelvorderkante ist Vogelschlägen, Hagel und dem Fahrtwind bei rund 900 Stundenkilometern ausgesetzt. Die Flügeloberseite muss dagegen vor allem ständiges Biegen aushalten. Jede Turbulenz »landet« in der Flügelstruktur. Weiter außen kommt das Biegemoment durch den Fahrtwind hinzu. Der Flügel soll einerseits fest sein und seine Form behalten, aber andererseits weich federn, und Stöße elastisch auffangen. Wenn er hart wie Glas wäre, würde er brechen. Deshalb besteht der Flügel aus einer Kombination unterschiedlichster Aluminiumlegierungen. Strukturexperte Jan Stüben sieht die Befestigung der Flügel am Rumpf als größte konstruktive Herausforderung bei der A380: »Wir kommen mit der konventionellen Konfiguration an eine Grenze. Die Kräfte an den Bolzen werden enorm.« Nochmals wesentlich größere Flugzeuge als die A380 seien, jedenfalls in der klassischen heutigen Konfiguration, nur schwer vorstellbar, bilanziert der Ingenieur. Noch weit innerhalb des Rahmens lägen allerdings die künftigen A380-Wachstumsversionen, also der Frachter und die verlängerte A380-900. Außerdem beruhigt Stüben: »Die Konstruktion ist konservativ gerechnet und weist zusätzliche Sicherheitstoleranzen auf. Wir starten auf der sicheren Seite und optimieren dann das Gewicht. Es ist ein Wechselspiel zwischen Festigkeit und Gewicht. Je mehr Messergebnisse von den Strukturversuchen wir haben, desto mehr können wir die Struktur verbessern. Das war bei der A340-600 auch so.« Weil die A380 eine elektronische Flugsteuerung der dritten Generation mit aktiver Böenlastkontrolle nutzt, können die Ingenieure die Flügel etwas leichter bauen: Wenn das Flugzeug in Turbulenzen gerät, steuert der Computer automatisch gegen und reduziert die Belastungen, die auf die Flügelstruktur wirken.

Das Rumpfheck der A380 birgt die Hilfsturbine. Ihr heißes Abgas tritt durch ein Rohr oberhalb der weißen Heckleuchte aus.

Die Flügelvorderkanten bestehen dagegen teilweise aus Kunststoff, die Flügelrippen auf Höhe der Triebwerke und im Außenbereich aus Kohlefaser. Honigwaben-Verbundmaterial, das sich nach dem Vorbild der Natur am sehr festen Strukturaufbau von Bienenstöcken orientiert, findet man in Bereichen von nicht tragenden Verkleidungen. Zum Beispiel an den Bugfahrwerksklappen, an Störklappen und Querrudern, im Bereich der Triebwerksverkleidungen und am Rumpf-Flügel- sowie am Rumpf-Leitwerks-Übergang. Titanstahl wird dagegen für die höchstbelasteten Bereiche, wie die Scheuerplatten unterhalb der Türschwellen verwendet, hier stoßen oft Flughafentreppen und Fluggasttreppen an, aber auch für die Ver-

Nur für Testflüge hat MSN001 einen gefederten Hecksporn erhalten. Er soll verhindern, dass bei Tests der minimalen Abhebegeschwindigkeit das Heck über den Boden schleift und die Struktur beschädigt wird. Am linken Bildrand erkennt man gerade noch, dass zusätzlich auch die Außenhaut der Heckunterseite verstärkt wurde.

bindungselemente und Aufhängungen in den Flügeln. Ebenso sind die Triebwerke an massiven Titanbolzen aufgehängt. Nicht zu vergessen ist das Fahrwerk. Seine baumstammdicken Hauptfahrwerksbeine sind ebenfalls aus Titan gefertigt. Diese besonders anspruchsvolle Aufgabe erfüllt der russische Spezialbetrieb VSMPO aus Swerdlowsk. Die Metallurgen mit einer eigenen 75 000-Tonnen-Spezialpresse, der stärksten der Welt, beliefern alle großen Hersteller. Auch normaler Stahl wird für die A380 verwendet. Er kommt im Bereich der Triebwerksaufhängung und Fahrwerke zum Einsatz. Wenn man die Werkstoffe der A380 nach ihrem Anteil (ohne Triebwerke und Fahrwerk) aufschlüsselt, spielt Alu mit 61 Prozent die Hauptrolle. Auf Platz zwei liegt Composite, also Verbundwerkstoff auf Kohlefaserbasis mit 22 Prozent. Stahl und Titan liegen mit zusammen zehn Prozent auf dem dritten Rang, während sich GLARE mit drei Prozent begnügt. Je zwei Prozent entfallen auf Oberflächenversiegelungen und Sonstige. Die Boeing 787 und auch die künftige A350 XWB werden weitgehend aus Kohlefaser gebaut.

Robert Lafontan, Senior Vice President Engineering für das A380-Programm, wägt wie folgt ab: »Carbon ist für gewisse Aufgaben das Beste. Aber manche Rumpfteile werden nicht leichter, wenn sie die aus Kohlefaser bauen.« Außerdem mahnt der Ingenieur, dass man für bestimmte Stoßbelastungen beim besonders festen CFK konstruktive Vorsichtsmaßnahmen treffen müsse: »In unserer Industrie muss man das Risiko abwägen.« Lafontan rückt stattdessen einen anderen Werkstoff in den Mittelpunkt: »Wir haben uns entschieden, statt Kohlefaser künftig vermehrt Aluminium-Lithium zu verwenden. Daraus können wir Außenhäute aber auch Stringer bauen. Außerdem verfügen wir über immer bessere GLARE-Anwendungen. Diese Entscheidung ist nicht auf die A380 beschränkt, sondern gilt für das gesamte Unternehmen.«

Technologisch profitiert die A380 auch von den Ideen und konstruktiven Lösungen aus vorherigen Airbus-Programmen. So steuerte die kleine A318 aus Hamburg ihre Laser geschweißten Rumpfpaneele bei. Von der A330-200 wurde der Trimmtank in der Höhenflosse des Leitwerks übernommen und die Leitwerksstruktur aus Kohlefaser-Baugruppen. Auch die kurz vor der A380 entwickelte A340-600 beteiligte sich als Ideenlieferant: Die A380 übernahm das Konzept eines hinteren Druckschotts aus Kohlefaser, die Verwendung hochmoderner Aluminiumlegierungen für Flügel und Rumpfverkleidungen, von Kunststoffteilen für die Vorflügel und die einteiligen Triebwerksverkleidungen.

Im Gegenzug wird auch die A380 den folgenden Airbus-Mustern, zum Beispiel der kommenden A350 XWB, als Ideengeber zur Verfügung stehen. Zum Beispiel beim Cockpit und beim 5000psi-Hydrauliksystem.

Ein großes Flugzeugprogramm hat eine Lebensdauer von 40 bis 50 Jahren. In dieser Zeit werden immer neue Technologien verfügbar, die man auch in der A380 nachrüsten wird. Deswegen betrachtet Airbus die ersten A380-Familienmitglieder A380-800 und ihre derzeit auf Eis gelegte Frachtschwester A380-800F als offene Technologieplattform für künftige Technologien. Im Bereich Triebwerke kündigen sich bereits Veränderungen bei der Nutzung von Zapfluft für Klimaanlage, Heizung und andere Bordsysteme an, die eines Tages durch elektrische Energie ersetzt werden könnte. Hilfstriebwerke könnten eines Tages auf Brennstoffzellen umgestellt werden und neue Metalllegierungen, insbesondere Aluminium-Lithium, aber auch Kohlefaser könnten die Strukturen nochmals wesentlich leichter machen. Außerdem scheint Titan herkömmlichen Stahl immer mehr abzulösen.

Wenn man die Systeme an Bord der A380 betrachtet, stellt man fest, dass es sich um Weiterentwicklungen bisheriger Technologien handelt. Dadurch vermeidet Airbus, zusätzlich zu den Herausforderungen des sehr großen Flugzeugs auf Systemebene Entwicklungsrisiken und Kinderkrankheiten berücksichtigen zu müssen, die den gesamten Zeitplan durcheinander bringen können.

Erstmals bei Airbus verwendet die A380 ein Hochdruckhydrauliksystem mit 5000 PSI. Ähnliche Systeme sind im Militärflugzeugbau und bei der Concorde (6000 PSI) schon länger bekannt. Die Hydraulik kann man sich als den »Blutkreislauf« eines Flugzeugs vorstellen. Mit Hilfe hydraulischer Verstärkung gelangen die elektrischen Steuerbefehle der Piloten an die Steuerorgane. Man kann das riesige Seitenruder dadurch leicht bewegen, aber auch die Landeklappen und Vorflügel aus- und einfahren oder am Boden steuern und bremsen. Ohne diese Unterstützung wäre die aufzubringende Kraft bei der A380 zu hoch für eine manuelle Betätigung. Die Hochdruckleitungen können kleiner ausgeführt werden, sind leichter, lassen sich einfacher verlegen und besser warten.

Nach Airbus-Berechnungen spart man 1,2 Tonnen Masse durch das Hochdrucksystem. Das erste A380-Testsystem wurde im März 2004 in Stade für die Steuerung des Seitenleitwerks erprobt. Dabei trieb man den Druck sogar auf 5700 PSI oder 420 bar. Die Hydraulikflüssigkeit basiert auf korrosionsfreiem Esther-Phosphat. Anders als bisherige Verkehrsflugzeuge verfügt die A380 nicht mehr über drei getrennte Hydraulikkreisläufe, sondern nur noch über zwei. Stattdessen kommen noch zwei elektrische Systeme hinzu, so dass die A380 selbst bei Ausfall beider Hydrauliksysteme noch sicher weiterfliegen könnte.

Die A380 nutzt elektrohydraulische Aktuatoren (Stellmotoren) für die Betätigung der Ruder. Mit nur einem elektrischen oder einem hydraulischen System könnte das Flugzeug noch sicher weiter fliegen und landen. Die Architektur dieses doppelt redundanten Systems wurde seit den späten achtziger Jahren entwickelt und 1992 zum ersten Mal in einer A320 im

Ein Wingtip Fence der A380. Diese Flügelspitzenverkleidung reduziert den Widerstand. Die roten Klebepunkte stammen noch von vorherigen Strömungsmessungen mit aufgeklebten Fäden. Die »Stangen« an der Flügelhinterkante, so genannte Entladungsdochte, leiten statische Elektrizität aus dem Flugzeug an die Umgebungsluft ab.

Flug erprobt. Seit 2001 arbeiten die fünf wichtigsten Lieferanten bei der so genannten Plattform mit. Es sind TRW, Dowty, Sabca, Parker und Liebherr. Die Steuerung fühlt sich für den Piloten an, wie aus anderen Airbus-Mustern gewohnt. Dadurch wird die Cross-Crew-Qualification unterstützt, also die Umschulung von Piloten von einem Airbus-Muster auf das nächste, ohne großen Aufwand. Das elektrische System der A380 nutzt hoch moderne Generatoren mit variabler Frequenz. Nur im militärischen Flugzeugbau wurde diese Technik bisher genutzt. Sie löste eine bisher sehr komplizierte Mechanik ab und macht endlich die Stromversorgung unabhängig von der jeweiligen Triebwerksdrehzahl. Auch das nächste Boeing-Muster, die zweistrahlige Boeing 787 wird, wie übrigens ebenso eine 5000PSI-Hydraulik, Generatoren mit variabler Frequenz nutzen. Sie sollen leichter, einfacher zu warten und zuverlässiger sein als bisherige Systeme. Alle Stromkabel an Bord der A380 sind aus Aluminium. Airbus spart dadurch über 300 Kilogramm Gewicht. Allerdings wird der Alu-Kern noch von Schutzhüllen aus Kupfer, Nickel, Kunststoff und einer zweiten Kunststoffhülle umgeben, die man per Laserstrahl beschriften kann. Die Kabel verbinden unter anderem die integrierte modulare Avionik der A380. Sie teilt sich innerhalb eines eigenen Netzwerks die Kabel an Bord. Die angeschlossenen Geräte können in einem Ethernet Daten mit bis zu 100 Megabit pro Sekunde senden und empfangen. Die Geräte nutzen einheitliche Schnittstellen und können nach dem Prinzip der offenen Systemarchitektur später um weitere Netzteilnehmer ergänzt werden. Jedes Gerät ist über ein zweiadriges Kabel mit einem so genannten Switch verbunden, der jeweils mehrere Geräte mit anderen Switches verbindet. Der Datenbus der A380 nennt sich ADFX-Datenbus.

Alle Computersysteme im Cockpit sind redundant, also mit Ersatzsystem, ausgelegt. Dazu gehört, dass man für zentrale Funktionen immer parallel zwei unterschiedliche Computertypen von unterschiedlichen Herstellern mit unterschiedlichen Mikroprozessoren und unterschiedlicher Software einsetzt, die von getrennten Stromquellen versorgt werden. Sogar die Leitungen werden räumlich möglichst voneinander entfernt verlegt. Falls alle vier Triebwerke, die Hilfsturbine im Heck und die Batteriestromversorgung gleichzeitig ausfallen sollten, können die Piloten immer noch die RAT (Ram Air Turbine), einen kleinen »Propeller« mit Generator an der Flügelhinterkante ausfahren, um noch im Gleitflug Minimalstrom für Notavionik und Flugelektronik zu erzeugen.

Das Fahrwerk der A380 besteht aus zwei Hauptfahrwerken unter dem Rumpf oder Body Landing Gear mit je sechs Rädern, den etwas kürzeren beiden Wing Landing Gears, unter den Flügeln mit je vier Rädern und dem Bugfahrwerk mit zwei Rädern. Die letzte Achse der jeweils dreiachsigen Rumpffahrwerke ist lenkbar, um besonders enge Vorfeldmanöver und Kehrtwenden auf 60-Meter-Startbahnen zu ermöglichen. Das Fahrwerk in seiner jetzigen Form kann Höchststartmassen von 560 und sogar 590 Tonnen aushalten. Sollten spätere A380-Versionen noch höheres Gewicht benötigen, kann noch ein einzelnes Räderpaar zwischen den Hauptfahrwerksbeinen unter dem Rumpf installiert werden.

Trotz Schritttempos stand das Fahrwerk bei Rollversuchen mit MSN001 am 25. Juni 2005 unter seiner bisherigen Höchstbelastung. Denn es wurden engste Vorfeldkurven und simulierte Pushbacks und Flugzeugschleppermanöver bei einer Höchstmasse von 546 Tonnen und maximalen Lenkwinkeln von 60 Grad (im Betrieb höchstzulässig) und sogar 72 Grad (technisches Maximum) erprobt. Besonders beim Pushback, also dem Zurückdrücken aus der Parkposition mit 70 Grad verdrehter Steuerung und einer anschließenden 90 Grad Kurve, radierten die Reifen der beiden vierrädrigen Flügelfahrwerke dabei mit dicken schwarzen Schleifspuren fast seitwärts über den Vorfeldbeton. Als zusätzliches Erschwernis waren auch die hinteren lenkbaren Achsen der beiden sechsrädrigen Rumpffahrwerke abgeschaltet worden. Aber: Alle Fahrwerksbeine hielten, alle malträtierten Reifen blieben auf ihren Felgen, und der Test gilt als bestanden.

Die A380 muss als Langstreckenflugzeug mit hoher Passagierkapazität besonders gut ausgenutzt werden und soll bei möglichst kurzen Bodenzeiten viel in der Luft sein. Wenn eine A380 mit einer technischen Störung am Boden steht, bleiben auch 520 Passagiere am Boden. Für die Airlines wäre dies ein sehr großer Einnahmeausfall. Deswegen muss die gesamte Technik an Bord von vorne herein auf hohe Zuverlässigkeit und einfache Wartung ausgelegt sein. Schon während des Konstruktionsprozesses wurden alle Komponenten auf Zuverlässigkeit im Betrieb, Wartungsfreundlichkeit und die Versorgungssicherheit mit Ersatzteilen untersucht.

Schon zwei Jahre nach der Aufnahme des Liniendiensts soll die A380 nach Airbus-Angaben 99 Prozent Einsatzzuverlässigkeit erreichen. Entscheidend sind einerseits die Zuverlässigkeit und andererseits die direkten Wartungskosten. Sie sollen, pro Sitzplatz gerechnet, 24 Prozent unter der 747-400 liegen. Um die A380 trotz kurzer Bodenzeiten regelmäßig pflegen und warten zu können, bietet Airbus zwei Wartungsansätze an: Entweder können die Airlines klassische Wartungsereignisse planen, also die Base Maintenance nach 750 Flugstunden oder eineinhalb Monaten, die Light Maintenance nach 24 Monaten, die Intermediate Maintenance nach sechs Jahren, sowie die Heavy Maintenance nach 12 Jahren.

Die Alternative ist ein flexibler Wartungsplan, bei dem das Flugzeug nur möglichst kurz aus dem Betrieb herausgelöst werden muss. Dabei werden alle kleineren Wartungsarbeiten so aufgeteilt, dass man sie jeweils in kürzeren Flugpausen, zum Beispiel binnen einer Nacht, erledigen kann. Natürlich achtet dieser Plan genau auf die vorgeschriebene Wartung, die vorhandenen Wartungskapazitäten und die verfügbare Standzeit.

Durch vorausschauende Planung und Systemüberwachung versucht man, plötzliche Ausfälle auf ein Minimum zu begrenzen. So sendet die A380 per Datenfunk oder Satellit auf Wunsch alle technischen Störungsmeldungen im Cockpit automatisch an die Werftbasis ihrer Airline. Dort kann über eine Netzwerkverbindung mit Airbus auf Datenbanken mit Wartungsinformationen zugegriffen werden, und gleichzeitig lässt sich über eine Verbindung mit den Zulieferern auch das dem Flugzeugstandort nächstgelegene Ersatzteil aufspüren, während die lokale Wartungsstation der Airlines ebenfalls informiert wird. Die zentrale Airbus-Datenbank »Airman« (Aircraft Maintenance Analysis – Analyse der Flugzeugwartung) sammelt alle Informationen und spürt sich wiederholende Fehler auf, um zu hohen Verschleiß und die Wartungsabläufe der Zukunft zu verbessern. Trotz ihrer höheren Kapazität soll die A380 bei den Wartungskosten mit der 747 gleichauf liegen.

Ein wichtiges Stück High-Tech an der A380 sind die Flügel. Sie konnten, wie im Kapitel über die Flughäfen ab Seite 140 erläutert wird, aus Platzgründen

Gegenüber: Zwei Meisterwerke der Ingenieurskunst: Die A380 überfliegt das berühmte 2460 Meter lange und 343 Meter hohe Viadukt von Millau in Südfrankreich, das Norman Foster entwarf.

»Recyclable by Design« – etwa »wiederverwertbar konstruiert«; mit diesem Werbespruch am Bug trat die A380 auf der Luftfahrtmesse im britischen Farnborough 2008 an.

bei der Bodenabfertigung nicht, wie es eigentlich ideal wäre, mit sehr hoher Streckung und einer Spannweite über 80 Metern entworfen werden. Dabei sollen die Flügel zugleich besonders sparsam sein, gute Steiglugeigenschaften besitzen, aber auch spätere A380-Versionen mit erhöhter Abflugmasse ermöglichen und das gesamte Kraftstoffvolumen aufnehmen, damit der kostbare Frachtraum im Rumpf nicht mit eventuellen Zusatztanks blockiert wird. Zu guter Letzt sollen die Flügel auch möglichst kurze Starts und langsame Landeanflüge ermöglichen, damit die A380 alle herkömmlichen Jumbo-Pisten mitbenutzen kann. Die A380 verwendet einen relativ großen Flügel, den man auch für die späteren Versionen verwenden kann. Dagegen beschränkt sich die erste Version A380-800 auf einfach geschlitzte Landeklappen. Sie sind konstruktiv unkompliziert und relativ leicht. Die später erscheinende A380-800F wird dagegen mit doppelten Schlitz-

klappen ausgerüstet. Sie sind zwar schwerer, aber sie liefern für den schweren Frachter auch mehr Auftrieb. Anschließend kann man den leistungsfähigeren Flügel der A380-800F auch für Passagierversionen mit erhöhtem Abluggewicht nutzen. Dazu gehören mögliche Versionen mit erhöhter Kraftstoffzuladung aber auch eine gestreckte A380-900 mit längerem Rumpf.

A3XX-Konstrukteur Jürgen Thomas erläutert seine Strategie, die gegensätzlichen Anforderungen unter

	A380-800	A380-800F
Antrieb:	vier Rolls-Royce Trent 970 oder Engine Alliance GP7200 mit 311 kN	
Länge:	72,57 Meter	72,57 Meter
Spannweite:	79,75 Meter	79,75 Meter
Flügelfläche:	845 Quadratmeter	845 Quadratmeter
Flügelpfeilung:	33,5 Grad	33,5 Grad
Höhe:	24,10 Meter	24,10 Meter
max. Kabinenlänge	Hauptdeck: 49,90 Meter Kabinenbreite: 7,14 Meter	
max. Startmasse:	560 000 Kilogramm	590 000 Kilogramm
max. Landemasse:	386 000 Kilogramm	427 000 Kilogramm
Leermasse:	277 000 Kilogramm	252 000 Kilogramm
max. Zuladung:	83 000 Kilogramm	150 000 Kilogramm
max. Treibstoffmenge:	310 000 Liter	310 000 Liter
Reichweite:	15 200 Kilometer	10 400 Kilometer
	mit 555 Passagieren	mit 150 Tonnen Fracht
max. Geschwindigkeit:	Mach 0.89	Mach 0.89
Reisegeschwindigkeit:	Mach 0.85	Mach 0.85
Dienstgipfelhöhe:	13 100 Meter	13 100 Meter
Startstrecke:	2990 Meter	3010 Meter
Landestrecke:	2100 Meter	1900 Meter
Listenpreis:	327 Millionen US Dollar	N. N.

einen Hut zu bringen: »Sie müssen heute jede neue Flugzeuggeneration als Familie designen. Ein Point Design (ein spezialisierter Entwurf ohne mögliche Varianten) wäre ein Fehler. Das hat man an der Mercure gesehen. Die A380 ist um 100 Sitze verlängerbar. Ebenso sind Kurzstrecken strukturell machbar.« Thomas fügt an, dass er auch Varianten mit erhöhtem Abfluggewicht und nochmals höherer Reichweite vorgesehen habe. »Wir nutzen neue Triebwerke und neue Werkstoffe so dass für die A380-Familie eine Zukunft von 50 Jahren möglich ist. In heutiger konventioneller Auslegung ist es allerdings nicht sinnvoll, die A380 noch mal wesentlich zu erweitern. Größeneffekte kommen oberhalb der 747 an ein Ende. Bei der A380 haben sich die Economies of Scale (Anmerkung des Verfassers: Größenbedingte Kostenvorteile) nicht wie erhofft bewahrheitet. Stattdessen haben wir verstärkt High-Tech eingesetzt.«

Flüster-Aggregate mit niedrigem Verbrauch

Antriebe für die Riesen

Rolls-Royce bietet das Trent 900 für die A380. Es zeichnet sich durch eine Dreiwellenarchitektur aus.

Die Triebwerke, die den Airbus A380 antreiben, gehören mit einem Startschub von 311 kN/70 000 lbs zu den stärksten zivilen Triebwerken der Welt. Rekordhalter in der Klasse der großen Turbofans sind sie aber trotzdem nicht, denn das GE90-115 von General Electric, das die zweistrahlige Boeing 777-300ER antreibt, ist mit über 512 kN (115 000 lbs) Startschub noch stärker.

Die Entwicklung eines neuen Triebwerks ist eine mehrere Hundert Millionen Dollar teure Angelegenheit. Immerhin sind die Triebwerke die teuersten Subsysteme an einem Verkehrsflugzeug. Und unter den Tragflächen jeder A380 hängen gleich vier von ihnen! Die Lebensdauer eines neuen Triebwerkprogramms spannt sich leicht über drei Dekaden. Ein offenes Geheimnis in der Branche ist dabei, dass beim Verkauf der neuen Triebwerke selten Geld verdient wird. Betriebswirtschaftlich wirklich interessant wird es für die Triebwerksproduzenten erst, wenn Ersatzteile für die oder Wartungsarbeiten an den Antrieben anfallen. Bis es allerdings soweit ist, müssen sich die Hersteller ein wenig gedulden: Typischerweise bleiben Verkehrsflugzeugtriebwerke heute 20 000 Stunden und länger am Flügel.

Weltweit haben nur drei Hersteller das nötige Fachwissen, die Erfahrung und das Kundendienstnetzwerk, das notwendig ist, um die Antriebe für die A380 zu entwickeln und im Airline-Alltag zu betreuen:

Rolls-Royce aus England, Pratt & Whitney und General Electric Aero Engines (GE) aus den USA. Alle drei Hersteller bemühen sich um die Aufträge der Fluggesellschaften, jedoch bieten sie nur zwei verschiedene Triebwerksmuster. Der in Großbritannien beheimatete, aber weltweit tätige Traditionshersteller Rolls-Royce, plc. tritt mit dem Trent 900 gegen das amerikanische Konsortium Engine Alliance an, das von den beiden anderen großen Triebwerksherstellern General Electric Aero Engines und Pratt & Whitney gebildet wird. Rolls-Royce schickt das Trent 970 in das Rennen um die Gunst der Kunden, die Engine Alliance das GP7270.Für die Frachterversion der A380 waren schubstärkere Versionen des Trent und des GP7200 geplant, die aber nicht realisiert wurden, da die Entwicklung des A380-Frachters von Airbus auf Eis gelegt worden ist.

Die Zusammenarbeit von General Electric und dem zum United Technologies-Konzern gehörenden Hersteller Pratt & Whitney war keine Liebesheirat. Boeing hatte in der ersten Hälfte der neunziger Jahre beide Hersteller aufgefordert, zusammen einen Vorschlag für den Antrieb der damals projektierten Boeing 747-500X/-600X zu unterbreiten. Boeing war sich unschlüssig über die Größe des Marktes für die geplanten neuen Jumbo-Versionen und wollte das finanzielle Risiko für sich und die Triebwerkslieferanten niedrig halten. Deswegen willigten die beiden Erzrivalen Pratt & Whitney und GE 1996 in den Deal ein. Pratt kümmert sich in der Engine Alliance um das Niederdrucksystem des Triebwerks – inklusive des Fan Containment Case, das verhindert, dass Teile des Bläsers bei einem Schaufelbruch das Triebwerksgehäuse verlassen, während GE die Verantwortung für das Hochdruckteil obliegt. Pratt & Whitney hat seine Komponenten aus den Komponenten des PW4090 weiterentwickelt. Auch General Electric erfand das Rad nicht neu. So ist das Hochdrucksystem eine Weiterentwicklung des GE90-115B, des stärksten zivilen Triebwerks der Welt. Es wird im GP7200 weit weniger belastet als im GE90, was der Zuverlässigkeit und der Lebensdauer der Komponenten zugute kommt. GE liefert auch das FADEC III, die modernste Version der digitalen Triebwerkssteuerung. Im August 1996 verkündeten die beiden Konkurrenten die Bildung der Engine Alliance und gaben den Triebwerksnamen GP 7200 bekannt.

Nur fünf Monate später verkündete Boeing, dass die Arbeiten an der Boeing 747-500X/-600X auf unbestimmte Zeit verschoben seien. Die Engine Alliance stand mit einem Triebwerksprojekt ohne Flugzeug da. Deshalb bot sie das neue Aggregat Airbus für den Airbus A380 an.

Aus technologischer Sicht definierte Airbus ein sehr herausforderndes Pflichtenheft, das die Triebwerkshersteller erfüllen mussten. Neben einem geringstmöglichen Verbrauch musste das Antriebssystem auch vom Start weg eine sehr hohe Zuverlässigkeit bieten und zudem Wachstumspotenziale zeigen, denn der AirbusA380-800 soll ja kein Einzelprodukt bleiben, sondern den Grundstock einer ganzen Flugzeugfamilie bilden.

Als schwierigste Aufgabe für die beiden Hersteller erwies sich eine Auflage des Flughafens London-Heathrow, der besonders stringente Lärmanforderungen für Nachtflüge stellt. Die Fluggesellschaften machten in den Sitzungen des Beratungsgremiums deutlich, dass der neue Super-Jumbo nur dann gekauft würde, wenn er auch in den Morgenstunden in Heathrow landen dürfe. Das Erfüllen der Lärmkategorie QC1 und QC2 in Heathrow war ein entscheidender Faktor, der vor allem der Engine Alliance zunächst Kopfzerbrechen bereitete.

Die Engine Alliance erprobte das GP7200 an einer modifizierten Boeing 747.

Nur mit kleinen Änderungen an den Aggregaten wären die geforderten Geräuschlimits nicht zu erreichen gewesen. Rolls-Royce und die Engine Alliance waren gezwungen, das ohnehin schon hohe Nebenstromverhältnis ihrer Antriebe zu erhöhen, indem sie den Durchmesser des Bläsers vergrößerten. Das klingt einfach, ist aber eine durchaus komplexe Änderung in der Auslegung eines Triebwerkes. Denn es gibt Limits, die eine Vergrößerung verhindern. Da ist einerseits der Abstand zwischen der Triebwerksverkleidung und dem Boden, der von der Höhe des Fahrwerks bestimmt ist. Andererseits bedeutet ein größerer Fan auch mehr Masse an der Frontseite des Triebwerks, was entsprechend ausgeglichen werden muss. Der Bläserdurchmesser des Trent 900 wuchs auf 2,95 m, der Durchmesser der gesamten Antriebseinheit und ihrer Verkleidung auf 3,01 m. Bei der Engine Alliance wuchs der Bläserdurchmesser sogar noch einen Zentimeter mehr auf 2,96 m, während sich der Durchmesser des gesamten Triebwerks auf 3,17 m steigerte. Zum Vergleich: Die Kabinenbreite einer A320 beträgt 3,70 m! Entsprechend riesig ist der Luftdurchsatz: Pro Sekunde saugt ein A380-Antrieb rund 1,5 Tonnen Luft an. Das Nebenstromverhältnis beim GP7200, also das Verhältnis zwischen dem Anteil Luft, der durch das Kerntriebwerk geht, zu dem der vom Bläser am Kerntriebwerk vorbeigedrückt wird, liegt bei 9:1. Beide Konkurrenten verwenden beim Fan hohle Titanschaufeln. Die komplexe, gebogene Form einer jeden Schaufel erfordert einen großen Aufwand bei der Fertigung. Aber ohne diese Form wären die Airbus-Forderungen bezüglich des Lärms und des Verbrauchs nicht zu erfüllen gewesen.

Bevor die Antriebe in die Luft kamen, wurden sie intensiv auf Bodenprüfständen getestet.

Robert Nuttall, damals Marketingdirektor für zivile Antriebe bei Rolls-Royce, sagte: »Die Geräuschemissionen erwiesen sich damals als sehr wichtig. Allerdings war er nicht der einzige Auslegungsfaktor. Wir haben versucht, die beste Mischung aus gefordertem Schub, geringem Verbrauch, niedrigen Emissionen und günstigen Kosten zu finden.« Jürgen Thomas, Programmchef für die A3XX bei Airbus, drückte es auf einer Tagung des Luftfahrt-Presse-Clubs in München im Juni 2005 deutlich aus: »Der Airbus A380 ist das erste Verkehrsflugzeug der Welt, bei dem man zugunsten eines besseren Lärmwertes einen leicht höheren Treibstoffverbrauch in Kauf genommen hat.« Bruce Hughes, bis zum Juni 2008 Präsident der Engine Alliance, sagte ohne die strengen Lärmforderungen hätte man den Treibstoffverbrauch noch einmal um bis zu zwei Prozent senken können.

Trotzdem ist der Verbrauch beachtlich niedrig: In den Flugversuchen wurde nachgewiesen, dass der neue Airbus nur rund drei Liter Treibstoff pro 100 km und Passagier verbraucht. Die Engine Alliance hat beim Verbrauch ein wenig die Nase vorn: Das GP7200 benötigt rund 0,9 Prozent weniger Treibstoff im Reiseflug als das Trent-Triebwerk. Allerdings ist für den niedrigen Verbrauch neben den Triebwerken auch die fortschrittliche Aerodynamik der Tragflächen und des gesamten Flugzeuges verantwortlich.

Am Jumbo Jet bleibt nicht mehr viel Platz zwischen Antrieb und Boden.

Die Geräuschemissionen sind ebenfalls bemerkenswert niedrig, das sagen alle, die den Airbus A380 haben fliegen sehen oder mit ihm geflogen sind. Immer wieder staunen die Zuschauer bei den weltweiten Luftfahrtmessen über den niedrigen Geräuschpegel, den das Flugzeug erzeugt. Es erfüllt die Lärmgrenzwerte für London-Heathrow sowohl für den Start als auch bei der Landung. Die europäische Luftsicherheitsagentur EASA und die amerikanische Luftfahrtbehörde FAA haben bei der Zulassung des Flugzeugs mit den GP7200-Turbofans bestätigt, dass die A380 das leiseste Großraumflugzeug der Welt ist. Die A380 bleibt mit einer Marge von 17 EPNdB (Effective Perceived Noise Level) unter den Grenzwerten, die die internationale Zivilluftfahrt-Organisation ICAO in ihrem Chapter 4 vorgeschrieben hat. Dabei sind die Geräuschgrenzen nach Chapter 4 heute noch nicht einmal bindend. Heute gilt noch das weniger strenge Kapitel 3, das erst in einigen Jahren von Chapter 4 abgelöst wird.

Dr. Joachim Schneider, Konzernbeauftragter der Lufthansa für die Einführung der A380 bei der Kranich-Airline, sagte auf einer A380-Konferenz Ende April 2005 in Frankfurt, dass der akustische Fußabdruck, in dem das Flugzeug 85 dB(A) erzeugt, nur halb so groß sei wie bei einer Boeing 747-400, die mit einer Startmasse von 370 Tonnen startet. Und die A380 hat ein maximales Startgewicht von 560 Tonnen. Auch bei den sonstigen Emissionen zeigt sich die A380 dank ihrer fortschrittlichen Triebwerke als umweltfreundliches Flugzeug: Sie unterbietet die ICAO-Grenzwerte für unverbrannte Kohlenwasserstoffe um 50 Prozent, die für Kohlenmonoxyd um 50 Prozent und die für Stickoxyde um 30 Prozent.

Die angebotenen Triebwerksmuster für die A380 unterscheiden sich konstruktiv deutlich voneinander. Rolls-Royce bietet ein Dreiwellen-Turbofan an, während das GP7200 ein Zweiweller ist. Beide Hersteller sehen natürlich in ihrem jeweiligen Konzept Vorteile. Die Engine Alliance sieht neben einem kleinen Leistungsvorsprung seines Produktes auch Vorteile bei den Kosten, wenn man sie über die Lebensdauer eines Triebwerks betrachtet. Da es als Zweiweller über weniger Teile verfügt, soll es bei den Wartungs- und Überholungskosten günstiger sein.

Der Vergleich mit den A340-Triebwerken zeigt die enorme Größe des A380-Antriebs.

Rolls-Royce sieht die Vorteile seines Antriebs darin, dass es leiser ist, noch geringere Emissionen ausstößt und schneller verfügbar ist, immerhin lief es am 17. März 2003 zum ersten Mal, also fast genau ein Jahr früher als das konkurrierende Muster. Auch der britische Triebwerksgigant war 1996 zunächst als Antrieb für die später eingestellte Boeing 747-500X/-600X im Gespräch. Das Trent 900 beruht zwar technologisch auf den kleineren Mitgliedern der Trent-Familie, aber es weist auch einige Besonderheiten auf. Der Name Trent bezeichnet übrigens einen Fluss in England, da Rolls-Royce seine Antriebe traditionell nach englischen Flüssen benennt. Ein vergrößertes Niederdrucksystem des Trent 800, kombiniert mit einem angepassten Kerntriebwerk eines Trent 800 ergab die konstruktive Grundlage für den A380-Antrieb von Rolls-Royce. Neu ist die Drehrichtung des Hochdrucksystems im Trent 900, denn sie läuft in genau die andere Richtung wie das Niederdrucksystem. Mit diesem Trick verbesserten die Antriebsingenieure die Systemeffizienz um zwei Prozent. Für Rolls-Royce war die Gegenläufigkeit einzelner Komponenten nicht Neues, denn auch beim Antrieb des Eurofighters, beim EJ200, laufen verschiedene Systemkomponenten gegenläufig. Rolls-Royce schaffte die für die Zulassung erforderliche Erprobung zügig hinter sich und erhielt am 1. November 2004 die Zulassungsurkunde. Damit war einwichtiger Meilenstein auf dem Weg zum Erstflug des neuen Airbus-Riesen geschafft. Für die Flugerprobung des Trent 900 nutzten Rolls-Royce und Airbus den Prototypen des Airbus A340, bei dem ein CFM56-gegen das Trent ausgetauscht wurde.

Das Hochskalieren eines Triebwerkes mit bestehender Technologie reichte aber weder bei Rolls-Royce noch bei der Engine Alliance aus, um das Pflichtenheft in allen Punkten zu erfüllen. Der damalige Präsident der Engine Alliance, Bruce Hughes, sagte im Gespräch mit einem der Autoren dieses Buches im Juni 2005 in Paris: »Hätten wir eines der bisherigen Triebwerke genutzt, läge der spezifische Treibstoffverbrauch der A380 um mehr als zehn Prozent über dem heutigen Verbrauch.« Dank des geringeren Verbrauchs der neuesten Triebwerksgeneration liegt die Reichweite der A380 um 396 NM (734 Kilometer) höher als mit den alten Antrieben.

Im dritten Quartal 2003 endete Konstruktionsphase des GP7200 und die in der Engine Alliance als Phase I bezeichnete Phase der Triebwerkszulassung begann. Zunächst wurden einzelne Komponenten, wie das Kerntriebwerk, der Bläser oder einzelne Schaufeln getestet, danach folgten Bodentests auf Prüfständen und die Tests in den Höhenprüfständen. Erst dann wurde ein GP7200 an den GE-eigenen, fliegenden Prüfstand montiert, eine modifizierte und mit vielen Testinstrumenten und Aufzeichnungsgeräten versehene Boeing 747. Am 3. Dezember 2004 hob das GP7200 in Victorville, im US-Bundesstaat Kalifornien, zum Erstflug ab. Zunächst hatte die Engine Alliance acht Aggregate für das Erprobungs- und Zulassungsprogramm vorgesehen. Dann erhöhte man die Zahl um ein weiteres Triebwerk, um die Tests zügiger durchzuziehen. Die leichte Verspätung im Programm störte Hughes nicht besonders. Er sagte: »Das GP7200 ist ein Programm, das auf eine Lebensdauer von 40 Jahren ausgelegt ist. Da fällt eine Verzögerung von ein oder zwei Monaten kaum ins Gewicht.« Er sollte Recht behalten, denn durch die Kabelkrise verspätete sich das gesamte A380-Programm, und die Erstauslieferung verzögerte sich um zwei Jahre. Die Engine Alliance erhielt die FAA-Zulassung des Triebwerks am 29. Dezember 2005. Das Unternehmen nutzte die Verspätungen bei Airbus, um mit den Bodentests fortzufahren, damit das GP7200 mit einer möglichst großen Zuverlässigkeit in Dienst gehen könnte. Insgesamt wurden bis Ende 2008 20 700 Flugbewegungen an einem Testtriebwerk simuliert. Es wurde während der Erprobung auch bis an die konstruktive Grenze und einem einem Schub von 94 000 lbs (418 kN) hochgefahren, ohne dass es beschädigt worden wäre. Damit will die Engine Alliance sicherstellen, dass das GP7200 im Liniendienst bei den Kunden genauso zuverlässig ist, wie ein nach ETOPS zugelassenes Triebwerk eines zweistrahligen Verkehrsflugzeugs, sagte Engine-Alliance-Präsident Jim Moravecek einem der Autoren dieses Buches im Juli 2008 auf der Luftfahrtmesse im britischen Farnborough.

Nicht nur am Boden, auch in der Luft musste sich das GP7200 vor der Zulassung beweisen. Insgesamt 274 Flüge mit 3202 Triebwerksflugstunden absolvierte das GP7200 am Airbus A380-Testflugzeug MSN009. Die Flugerprobung zog sich rund 20 Monate hin und endete mit der Übergabe der Zulassungsurkunde für den Airbus A380 mit GP7200 am Freitag, den 14. Dezember 2007. Die Zertifizierung erfolgte zeitgleich durch die amerikanische FAA sowie die europäische Flugsicherheitsagentur EASA. Mit dem ersten Emirates-Linienflug mit der A380 am 1. August 2008 von Dubai nach New York John F. Kennedy ging auch das GP7200 in den kommerziellen Dienst.

Airbus testete das Rolls-Royce Trent 900 am Prototyp des Airbus A340.

Rolls-Royce hatte 22 000 Flugbewegungen Betriebserfahrung gesammelt, als Singapore Airlines ihre erste A380 auf Strecke schickte. Das Trent 900 wurde bereits am am 1. November 2004 von der europäischen Luftfahrtbehörde EASA zertifiziert. Der Übergabe der begehrten Zulasungsurkunde war ein 20 Monate dauerndes Testprogramm vorgeschaltet, das mit dem Erstlauf des neuen Riesenaggregats begann. Rolls-Royce hat das Trent 900 gleich mit einem Startschub von 80 000 lbs zugelassen, obwohl es an der A380 zunächst nur 70 000 lbs Startschub liefert. Für die Flugerprobung nutzte Rolls-Royce den Prototyp der A340-300, dessen inneres linkes CFM56-Triebwerk durch das Trent 900 ausgetauscht wurde.

Insgesamt 60 Stunden wurde es an der A340 auf Herz und Nieren getestet.

Aber nicht nur die Flugtests, denen die neuen Triebwerke unterzogen werden, sind knallhart. Bei den Vogelschlagtests und beim so genannten »Blade-out-Test«, bei dem bei voller Umdrehungszahl ein Fanblatt aus dem Triebwerk herausgesprengt wird, verlangen einem Aggregat alles ab. Selbst nachdem ein 2,5 Kilogramm schwerer simulierter Vogel auf das Triebwerk geschossen wird, muss es nach den Bauvorschriften noch mindestens 50 Prozent Schub liefern und darf nicht stehen bleiben. Das GP7200 und das Trent 900 schluckten den Vogel souverän und lieferten danach noch 99 Prozent Schub.

Auch nach der Zulassung testen die Hersteller ihre Antriebe weiter. Schließlich wollen sie wissen, welche Komponenten als erste altern und wie sich das bemerkbar macht. Deshalb wird beispielsweise die Engine Alliance in Blocks von jeweils 3000 simulierten Cycles ihren Antrieb bis Ende 2008 testen.

Dass auch unscheinbare Komponenten Hochtechnologie sein können, zeigt sich bei der Triebwerksverkleidung. Die Aufträge für den Entwurf, die Konstruktion und die Produktion der Cowlings - sowohl des GP7200 als auch des Rolls-Royce Trent - vergab Airbus an die französische Firma Aircelle, die seit der Fusion der beiden französischen Unternehmen SNECMA und Sagem im März 2005 Teil der neu gebildeten Safran-Industriegruppe ist. In fünfjähriger Forschungsarbeit fanden die Aircelle-Ingenieure heraus, wie die riesige Innenverkleidung des Triebwerkseinlaufs beschaffen sein muss, um möglichst viel Geräusche zu absorbieren. Sie entwickelten eine nur 3,8 Zentimeter starke, aber sehr leichte Verkleidung aus verschiedenen Faserverbundwerkstoffen, die als ein einziges Werkteil den Lufteinlauf innen verkleidet. Um ihre in mühsamer Forschung gewonnenen Forschungs- und Entwicklungsergebnisse zu schützen, reichte die Firma nicht weniger als 27 Patente zur Anerkennung ein.

Bei bisherigen Triebwerksverkleidungen kamen immer mehrteilige Innenverkleidungen zum Einsatz. Sie waren in punkto Festigkeit und einfacher Montage konkurrenzlos, aber dafür erzeugten sie durch Vibrationen an den Schnittstellen zwischen den einzelnen Teilen ungewünscht und überraschend laute Geräusche. Außerdem entstanden Geräusche durch die Spalten zwischen den einzelnen Panels. Es stand außer Frage, dass die positiven Eigenschaften der bisherigen Verkleidungen auch bei der neuen Verkleidung beibehalten werden mussten. So ist auch die neue Innenisolierung der Triebwerksverkleidung immun gegen Korrosion und Wasser und sehr beständig gegen Abrieb.

Die Hersteller beider Antriebe liefern sich ein spannendes und millionenschweres Kopf-an-Kopf-Rennen um Bestellungen. Sie haben jeder bisher rund 50 Prozent der Aufträge für sich verbuchen können.

Die Engine Alliance hat die Kunden mit großer Stückzahl überzeugt, während Rolls-Royce eine größere Zahl von Airlines als Kunden gewinnen konnte. Air France, Emirates, ILFC und Korean Air haben sich für das GP7200 entschieden, während Singpore Airlines, Qantas, Virgin Atlantic, Lufthansa und Malaysia Airlines dem Rolls-Royce Trent den Vorzug gaben. China Southern, Thai Airways und Qatar Airways hatten sich zum Redaktionsschluss dieses Buches noch nicht entscheiden und werden von den beiden Anbietern entsprechend umworben. Etihad hatte sich bei seiner ersten Bestellung über vier A380 zunächst für Rolls-Royce entschieden, diese Bestellung aber wieder storniert und stattdessen zehn Airbus A380 geordert. In diesem Zusammenhang wurde auch die Triebwerksauswahl neu ausgeschrieben. Bei den Frachtern, die ja UPS und FedEx zunächst bestellt hatten, war die Engine Alliance klar im Vorteil, denn beide Kurierdienste hatten sich seinerzeit für das GP7200 entschieden.

Die Erprobung der Engine Alliance-Turbofans fand zum Teil in Dubai statt.

Modernste Ausrüstung für Piloten

Das High-Tech-Cockpit

An den Klapptischen mit Tastatur und den Handauflagen für die Steuerung der Mauszeiger auf den interaktiven Displays erkennt man das A380-Cockpit.

Flughafen Nizza, an der Cote d'Azur, Startbahn 04 links. Mit laufenden Triebwerken steht eine A380 auf der Piste und ist bereit zum Abflug. Parkbremse los, Schubhebel auf volle Startleistung und das riesige Flugzeug setzt sich folgsam in Bewegung. Bei knapp 150 Knoten löst sich das Bugrad nach ganz leichtem Ziehen am Sidestick, dem für heutige Airbus-Flugzeuge typischen »Joystick«, vom Boden und der Vierstrahlige Jet hebt ab. Wir fliegen, allerdings nur am Boden, denn Airbus-Test- und A380-Projektpilot Jacques Rosay hat heute eingeladen, vom linken Kapitänsitz aus eine kleine Platzrunde mit seinem neuen Riesen zu drehen, jedenfalls mit dessen Vorläufer »Aircraft Zero«, dem originalgetreuen Cockpitsimulator der Entwicklungsingenieure in Toulouse. Hier sind sämtliche Schalter und Knöpfe funktionsfähig installiert und das Flugverhalten entspricht im Detail dem richtigen Flugzeug. Das Navigationsdisplay zeigt auf einer großen Landkarte den Flughafen von Nizza und alle Wegpunkte die auf dieser kurzen Runde überflogen werden sollen und vor den sechs großen Cockpitfenstern erscheint auf einer nahtlosen Panoramaleinwand die nur im Computer erzeugte Landschaft an der Mittelmeerküste. Nur die hydraulischen Stelzen fehlen, mit denen »normale« Flugsimulatoren die Bewegungen des Flugzeugs imitieren. Aircraft Zero dient nicht der Pilotenausbildung, sondern alleine den Ingenieuren und Testpiloten bei der Entwicklung der A380. Die Software für das Flugverhalten der A380 stammt direkt aus dem Computer des Konstruktionsbüros und wird ständig mit den letzten Verbesserungen aktualisiert.

Testpilot Rosay sitzt hier häufig mit professionellen »Gästen«, insbesondere mit leitenden Piloten der A380-Kunden und mit Behördenvertretern im Cockpit und lässt diese ans Steuer. Schon seit 1995/96 hatte Airbus laut Rosay eine Arbeitsgruppe aus zwei bis drei Testpiloten gebildet, die sich in Zusammenarbeit mit Konstruktionsbüro und Fluggesellschaften viermal pro Jahr für je eine Woche trafen, um das Cockpit zu entwickeln. Ab 1999 hatte Airbus dann mit Hilfe eines interaktiven Cockpitmodells der damaligen A3XX Verkehrspiloten über ihre Wünsche und Verbesserungsvorschläge für die Anordnung der Bildschirme und die Bedienung befragt. Anderseits sollte das Cockpit aber auch kein völliger Neuentwurf werden, denn heutige Piloten müssen ohne zu großen Aufwand auf die A380 umgeschult werden können. Mit acht großen LCD-Displays auf der Instrumentenkonsole und zwei weiteren Zusatzbildschirmen in den Cockpitecken macht die A380 dem Fachbegriff »Glascockpit« alle Ehre. Airbus verfolgt die Grundphilosophie des »dunklen Cockpits«, das bedeutet, im Normalfall bleiben die Schalter und Anzeigefelder im Cockpit dunkel, nur bei Abweichungen oder Systemausfällen melden sich Leuchtanzeigen, Warnlämpchen und Warntöne.

Der räumliche erste Eindruck im A380-Cockpit ist, man merkt gar nicht, wie groß das Flugzeug »hinter einem« ausfällt. Auf der Höhe der Pilotensitze ist die A380 noch relativ schmal, das Cockpit ähnelt in der Breite eher einer A340 oder A320. Erst hinter den beiden Pilotensesseln verbreitert sich der Innenraum spürbar und man erhält eine Ahnung für vom sich anschließenden doppelstöckigen Riesen. Auch der fliegerische Eindruck am Steuer lässt nichts von einem behäbigen Giganten spüren. Schon beim ersten Anlauf gelingt dem A380-Neuling mit nur geringer A340-Simulator-Vorerfahrung eine ordentliche Platzrunde mit sauberer Landung und weichem Aufsetzen. In der Luft scheint sich die A380 ebenso wendig wie ihre kleineren Brüder zu verhalten. Dazu trägt einerseits bei, dass man im rein elektronischen Sidestick und in den Pedalen des elektronischen Seitenruders keinerlei Ruderkräfte spürt, man kann den sehr feinfühligen elektronischen Steuerhebel ohne Widerstand frei in jede Richtung bewegen, und es das erklärte Airbus-Ziel ist, die Elektronik möglichst so einzustellen, das sich das Fluggefühl in allen Airbus-Mustern gleicht. A380-Testpilot Jacques Rosay erläutert, dass sich die »rohe« A380 bei ausgeschalteter Elektronik wegen ihres relativ großen Flügels fliegerisch »leichter« anfühle als etwa eine »schwere« A340-600 mit ihrer sehr hohen Flächenbelastung.

Wenn man die Tische nicht braucht, lassen sie sich unter das Panel schieben. Das Primary Flight Display zeigt hier Bilder der Außenkameras.

Im Alltagsbetrieb filtert die Computersteuerung alle Steuereingaben der Piloten automatisch, optimiert diese Treibstoff sparend und Sicherheit erhöhend und liefert sie dann elektronisch aufbereitet per Elektrokabel an die hydraulischen Stellmotoren der Steuerflächen weiter. Wenn man das Flugzeug zum Beispiel in eine Kurve legt und den Sidestick loslässt, fliegt es selbständig und »wie auf Schienen« eine saubere Kurve ohne Höhenverlust oder allmählich immer steiler werdende Schräglage weiter, bis man das nächste Manöver kommandiert. Wer aber mit einem Airbus einen Looping drehen will, kann noch so viel am Sidestick ziehen. Das Flugzeug steigt nicht steiler, als die Ingenieure als Maximum vorgegeben haben. Bei 25 Grad Steigflugwinkel oder 15 Grad Sinkflugwinkel, die bei keinem normalen Flug gebraucht werden, ist Schluss. Steilere Fluglagen lässt die Airbus-Elektronik nicht zu. Auch für Steilkurven gilt ein festes Limit von 67 Grad Schräglage. Im Normalbetrieb kurven Verkehrsflugzeuge allerdings meistens nur mit sanften 30 Grad und seltener mal mit 45 Grad. Die festen Limits verhindern, dass das Flugzeug bei sehr harten Flugmanövern über seine strukturellen Belastungsgrenzen gebracht wird. Wenn man das Auftreten solcher Überlastungen wie in der A380 grundsätzlich elektronisch verhindern kann, lässt sich die Konstruktion entsprechend leichter ausführen. Das spart Gewicht und Treibstoff.

Boeing verfolgt eine etwas andere Philosophie: In den Flugzeugen des amerikanischen Herstellers, zum Beispiel in der Boeing 777-300ER, ebenfalls mit elektronischer Flugsteuerung, könnten die Piloten im Falle eines echten Notfalles den ebenfalls ständig mitlaufenden Computer »überstimmen« und die eingebauten Limits willentlich, aber unter Inkaufnahme eines drohenden Strukturversagens überschreiten. Dazu müssen sie dann allerdings mit echter körperlicher Gewalt am bei Boeing verwendeten elektronischen Steuerhorn ziehen, das im Gegensatz zu Airbus durch einen

Computer mit angeschlossener Hydraulik den Piloten den Widerstand eines künstlichen Ruderdrucks übermittelt. Boeing verspricht sich durch diese »soft Limits« genannten Grenzen, eine letzte Möglichkeit, im Notfall ein Flugzeug durch extreme Flugmanöver jenseits der eingebauten Sicherheitsgrenzen vielleicht doch noch zu retten, die Betonung liegt hier auf »vielleicht«. Tatsächlich sind aber Fälle überliefert, in denen zum Beispiel Jumbo Jets in Notsituationen nach dem Fliegen von Fassrollen und Erdulden von extremen Erdbeschleunigungen jenseits der errechneten konstruktiven Grenzen noch in einem Stück heil landen konnten. Anschließend mussten diese Flugzeuge allerdings verschrottet werden, ihre strukturellen Reserven für jeden weiteren sicheren Flugbetrieb waren aufgezehrt.

Airbus hält dagegen die seit der ersten elektronischen Flugsteuerung für die A320 gewählten festen Limits für bewährt und setzt seitdem auf ein einheitliches Cockpitkonzept in allen modernen Flugzeugmustern des Unternehmens. Danach findet sich jeder A320-Pilot intuitiv auch in einer A330 oder A340 zurecht, selbst der Umstieg auf eine A380 ist in weniger als zwei Schulungswochen in Hörsaal und Simulator zu bewerkstelligen. Ein Computer basiertes interaktives Ausbildungsprogramm überwacht dabei die individuellen Lernfortschritte jedes einzelnen Umschülers. Einen bisherigen 747-Piloten ohne jede Airbus-Erfahrung auf die A380 umzuschulen dauert dagegen 15 Tage am Lerncomputer und im Hörsaal und nochmals zehn Tage im Simulator.

Wie in jedem Airbus-Cockpit seit der A320 finden die beiden Piloten in der A380 direkt vor sich ihren jeweiligen Bildschirm des Primary Flight Displays (PFD). Sein markanter Bildschirm zeigt die beiden blauen und braunen Halbkreise des künstlichen Horizonts, die Himmel und Erde symbolisieren und mit dem die Piloten auch bei Nacht oder in Wolken ständig eine Referenzlinie zum Erdhorizont finden. Anhand eingeblendeter Skalen kann man Steig-, Sink- und Kurvenflüge gradgenau Steuern. Darunter zeigt der Heading Indicator die Richtung, in die das Flugzeug weist, in Grad. An der rechten Seite des PFD ergänzt der Höhenmesser Informationen zur Flughöhe, während die virtuelle Nadel des Variometers Auskunft über die Steig- beziehungsweise Sinkrate gibt. Am linken Bildrand des PFD hat dagegen der Fahrtmesser seinen Platz. Auf der als Band dargestellten Skala werden elektronisch auch die so genannten »Speedbugs« dargestellt, also die Marken für die V-Speeds. Es handelt sich dabei um die für jeden individuellen Start nach Gewicht, Wetter und Platzhöhe berechneten Geschwindigkeiten, für die höchste Rollgeschwindigkeit, bei der noch ein Startabbruch mit sicherem Abbremsen auf der Piste möglich ist (V1), bei der das Bugrad von der Piste genommen werden soll und das Abheben beginnt (VR) und die man mindestens im Anfangssteigflug halten muss, um bei einem Triebwerksausfall gerade noch leicht weitersteigen zu können (V2). Weitere Marken, zum Beispiel für die Geschwindigkeitsbereiche zum Setzen der unterschiedlichen Landeklappenstellungen und Vorflügel aber auch die Höchstgeschwindigkeit beim Fliegen in Turbulenz oder die rote Linie der absoluten Höchstgeschwindigkeit, werden hier angezeigt. Nicht zu vergessen sind die auf dem PFD über dem künstlichen Horizont eingeblendeten Nadeln des Kreuzzeigerinstruments, sofern gerade ein Landeanflug auf dem kegelförmigen Leitstrahl eines Instrumentenlandesystems stattfindet oder jene des so genannten Flight Directors, der den zuvor im Navigationscomputer eingespeicherten Flugverlauf als dreidimensionale Steuervorgabe anzeigt.

Eine ähnliche Anzeige erfolgt bei »virtuellen ILS-Anflügen«: Die Avionik der A380 empfängt ständig Navigationsinformationen von unterschiedlichsten VOR-Drehfunkfeuern, NDB-Mittelwellenfunkfeuern und GPS-Satelliten. Erstmals kann die A380 durch einen automatischen Vergleich aller Quellen, was zu einer sehr hohen Navigationsgenauigkeit führt, auch ohne das Vorhandensein eines bodengestützten Instrumentenlandesystems einen »virtuellen Landekurssender« errechnen, um Instrumentenlandungen selbst auf nicht dafür ausgerüsteten Flughäfen zu ermöglichen. Dazu wird den Piloten im PFD ein virtueller Gleitweg angezeigt, den der Bordcomputer und nicht ein Landekurssender am Boden erzeugt.

Immer wenn der Autopilot aktiv ist, zeigt das PFD dessen aktivierte Funktionen am oberen Bildrand.

Ihr PFD in der Mitte der Konsole haben die Piloten ständig im Blick. Deshalb hat Airbus erstmals bei der A380 weitere vitale Informationen hinzugefügt, die vorher an weniger prominenter Stelle im Cockpit angezeigt wurden: Es handelt sich um die grafisch an einem kleinen Flügelquerschnitt abgebildeten Klappen-

Gegenüber: Über den Sidestick und die beiden Fußpedale für das Seitenruder wird die A380 elektronisch gesteuert. Der rote Knopf auf dem Sidestick erzeugt Vorrang für die Steuerbefehle des Kapitäns, falls dieser Steuereingaben seines Kopiloten korrigieren möchte. Der Handgriff ganz links ist das »Lenkrad« für die Rollsteuerung am Boden.

Die neue Computertastatur im Klapptisch.

und Vorflügelstellungen und um den Trimmzustand des Flugzeugs auf einer Prozentskala. Sie werden unterhalb der bisherigen Anzeigen auf dem neuerdings auf rechteckige Maße erweiterten und nicht mehr wie bisher quadratischen Flüssigkristall-Bildschirm dargestellt. Die A380 verfügt zur Trimmung nicht mehr über die bisher üblichen großen schwarz-weiß gestreiften mechanischen Trimmräder seitlich der Mittelkonsole, sondern nur noch über einen unscheinbaren elektronischen Kippschalter für die manuelle Höhenrudertrimmung und daneben einem kleinen Drehschalter für die manuelle Seitenrudertrimmung in der Nähe des Hebels für die Landeklappen auf der Mittelkonsole.

Wie bei Airbus mit der A340E eingeführt, ist das Cockpit der A380 nicht mal mehr über Reservesysteme mechanisch, sondern ganz alleine über elektrische Leitungen mit den Steuerflächen verbunden. Die meiste Trimmarbeit leistet der Computer im Hintergrund. Er balanciert durch die Verstellung der aerodynamischen Trimmflächen am Leitwerk und durch die interne Gewichtsverlagerung durch das Umpumpen von Treibstoff in den Trimmtanks, das Flugzeug immer so aus, dass es optimal also widerstandsarm im Luftstrom liegt. Im Steigflug wird ein Flugzeug zum Beispiel hecklastig getrimmt, damit es seine Nase leicht nach oben nimmt, zum Sinkflug vor der Landung wird dagegen eine mehr buglastige Trimmstellung gewählt.

Die Feinheiten des Trimmens sind eine Wissenschaft für sich, für die bei der A380 der Computer zuständig ist. Dabei geht es auch um Details wie das Ausgleichen aerodynamischer Effekte etwa durch die im Landeanflug stufenweise ausgefahrenen Landeklappen. Besonders hilfreich ist die Computertrimmung beim plötzlichen Durchstarten. Statt in diesem kritischen Moment wie in älteren Flugzeugen erforderlich quasi gleichzeitig die Triebwerke auf volle Leistung setzen zu müssen, die Klappen in Steigflugstellung zu bringen und auch noch die Trimmung nachzujustieren, brauchen A380-Piloten nur einen einzigen »Go-Around«-/Durchstarten-Knopf zu drücken. Jetzt bringt der Computer augenblicklich alle Systeme in die optimale Konfiguration und die Piloten können sich voll auf den Flugweg konzentrieren.

Die Trimmsteuerung der A380 arbeitet nach dem Prinzip der »Relaxed Stability«. Dabei trimmt der Computer durch das Umpumpen von Kerosin in den Trimmtanks das Flugzeug im Rahmen der oben genannten Vorgaben systematisch immer so hecklastig wie gerade noch möglich, um den Schwerpunkt möglichst weit hinten zu halten. Hierdurch verringern sich die erforderlichen Trimmkräfte und man kann sogar die Leitwerksflächen und die Leitwerksstruktur reduzieren. Die A380 spart durch »Relaxed Stability« 10 Prozent Leitwerksfläche und 700 Kilogramm Strukturgewicht. Airbus hat das Prinzip bereits an einer fliegenden A340 erprobt.

Die vier Aufgaben eins Piloten beschreibt Testpilot Jacques Rosay in der Reihenfolge: »Steuern, navigieren, kommunizieren und Systeme überwachen.« Deshalb befindet sich in den Airbus-Cockpits gleich neben dem PFD das »Navigation Display« (ND). Neben der schon bisher bekannten Darstellung einer sich ständig mitbewegenden elektronischen Landkarte mit der Position des Flugzeugs und dessen geplantem Flugweg entlang aller vorgesehenen Wegpunkte, kann man auf dem ND der A380 erstmals zusätzlich auch ein Geländeprofil des überflogenen Bodens im Querschnitt begutachten. Dadurch soll die so genannte »Situational Awareness« der Piloten erhöht werden, also das Bewusstsein der Piloten für unmittelbar drohende Gefahren durch Berge oder Hindernisse entlang der demnächst geplanten Route. Weil heutige Flugzeuge technisch gesehen extrem zuverlässig geworden sind, passieren die meisten verbliebenen Abstürze mit technisch völlig intakten Flugzeugen, die versehentlich gegen Berge oder die Erdoberfläche gesteuert werden. CFIT- Controlled Flight into Terrain (Kontrollierter Flug bis zur Bodenkollision) lautet das Kürzel der Flugunfallforscher für diese Kategorie, der die A380 mit verbesserter Informationsaufbereitung begegnen will. Auf dem Navigationsdisplay können sich die Piloten per Knopfdruck zusätzlich auch die Bilder ihres Wetterradars einblenden lassen und sie sehen dort auch die Positionen anderer Flugzeuge, die für das automatische Kollisionswarnsystem TCAS Signale aussenden.

Zwischen den paarweise angeordneten PFDs und NDs der beiden Piloten befindet sich in der Mitte des Instrumentenbretts das Engine Display (ED). Hier kann man die Leistungswerte der vier Triebwerke ablesen, sowie die dazu gehörenden Temperaturen. Wie auch sonst bei Airbus üblich erscheinen Messwerte innerhalb der normalen Betriebsgrenzen in grüner Farbe, erhöhte Werte in gelb und Warnwerte bei großen Abweichungen und Systemausfällen in rot. Unterhalb der Triebwerküberwachung ist auf dem ED noch Platz für die Meldungen des ECAM. Dieses Überwachungssystem beobachtet alle Systemfunktionen und meldet Abweichungen. Wenn die Piloten zum Beispiel vor dem Start das »Bitte anschnallen«-Zeichen in der Kabine anschalten, erscheint auf ihrem ECAM-Display die Meldung »Seat Belts- No Smoking« in grün. Aber auch etwaige Systemstörungen werden hier an zentralem Ort eingeblendet, sie werden immer durch die aufleuchtende »Master Warning« mit eigenem Warnton angekündigt. Gleichzeitig erscheinen hier alle Checklisten, die von den Piloten im Routinebetrieb und auch im Fall von Störungen abzuarbeiten sind. Gleich unterhalb des Engine Displays gibt es einen weiteren Bildschirm, das so genannte System Display (SD), auf dem sich weitergehende Systeminformationen anzeigen lassen. Hierzu gehören zum Beispiel die als Übersichtskarte präsentierte Temperatursteuerung in Kabine und Frachtraum, der Füllstand der Tanks und die Kerosintemperatur, das Funktionieren der Hydraulik und Elektrik, eine Übersichtskarte des Fahrwerks und seiner Bremstemperaturen, eine Übersichtskarte aller Türen und Luken und ihr Status als

Einer der begehrtesten Plätze in der Luftfahrt: Der Platz des Kapitäns im Cockpit von MSN001.

»geöffnet« oder »druckdicht verschlossen, Notrutsche bereit« sowie weitere Schalter- und Ventilstellungen in allen komplexen Systemen.

Auch am unteren Rand des SD wurde Platz freigehalten, der, erstmals in der A380, die Darstellung zusätzlicher Funktionen ermöglicht. Es ist die so genannte ATC-Mailbox. Dieses neuartige Verfahren nutzt Datenfunk zur Übermittlung von Flugverkehrsfreigaben. Das heißt, statt auf einer überfüllten Flugfunkfrequenz dem babylonischen Dialektgewirr einer Vielzahl von Piloten zu lauschen und mühsam die für das eigene Flugzeug geltenden Anweisungen der Flugsicherung herauszuhören, erhalten die Piloten von der Flugsicherung eine Art SMS geschickt. Hier können sie im Klartext lesen, welche Freigaben vorliegen oder abgelehnt wurden. Selbstverständlich funktioniert dieses Verfahren auch in der Gegenrichtung vom Flugzeug zum Boden. Um Texte und Daten in die Computer der A380 einzugeben, nutzten die Piloten bisher vor allem die Tastatur des Flight Management Systems (FMS). Es wird von Honeywell aus Arizona geliefert und entspricht der neuesten Generation mit schnellerem Prozessor. Die beiden FMS-Eingabegeräte auf der Mittelkonsole sehen ungefähr aus wie übergroße Taschenrechner mit zahlreichen kleinen Tasten.

Weil das Programmieren aller Daten und Wegpunkte eines Langstreckenfluges sich zu einer gehörigen Arbeit auswachsen kann, hat man in der neuesten FMS-Generation der A380 zusätzliche Eingabemöglichkeiten eingebaut: Zwei als bequeme Handauflagen geformte und im abkürzungsbegeisterten Fachjargon KCCUs (Keyboard Curser Control Units/Tastaturzeiger-Kontrollgeräte) genannte Vorrichtungen ermöglichen mit Hilfe eingebauten Trackballs, so ähnlich wie mit einer Computermaus, das intuitive »Blättern« und Zeigen auf Menüseiten in der Computersoftware. Die pilzförmige Form der KCCU hat Airbus nach einer Reihe von Bedienungstests ausgewählt. Auch bei heftigen Turbulenzen und Vibrationen an Bord soll man diese Eingabegeräte, besser als so genannte »Scratchpads« oder konventionelle »Trackballs«, noch sicher bedienen können. Mit dem Mauszeiger seiner KCCU kann jeder Pilot gleich auf mehrere Datenmonitore deuten. Nämlich auf sein Navigationsdisplay sowie auf das Engine und System Display in der Mitte. Als eigentlicher Haupteingabebildschirm befindet sich jedoch neben dem SD auf jeder Pilotenseite noch das individuelle Multi Functional Display (MFD). Hier kann jeder Pilot die oft in langen Listen oder elektronischen Masken einzugebenden Daten individuell einsehen, ändern oder ergänzen. Falls statt der für die Navigation normalerweise erforderlichen kurzen Codeworte für Abflugrouten, Flughäfen und Wegpunkte noch längere Texte eingebeben werden sollen, bietet die A380 nochmals eine Neuerung: In den Airbus-typischen ausziehbaren Tischen wurde erstmals eine aufklappbare Computertastatur im Standardformat eingebaut. Falls die Piloten zum Beispiel während des Fluges eine Notiz an die Techniker für den nächsten Werftaufenthalt schreiben möchten, können sie dies im gewohnten »QWERT«-Format ihrer Schreibmaschinentastatur tun. Die kleinen Datentastaturen des FMS folgen der weniger benutzungsfreundlichen Reihenfolge ABC. Weil während eines Fluges auf dem Cockpittisch auch Kaffeetassen stehen, die bei Turbulenzen schwappen oder umkippen könnten, ist die Tastatur übrigens ausdrücklich »kaffeesicher« ausgelegt. Insgesamt stehen den Piloten im A380-Cockpit also acht große Hauptdisplays für die Cockpitanzeigen zur Verfügung. Falls ein Display ausfällt oder falls es aus anderem Grund gewünscht wird, kann man die Anzeigeinhalte auch reihum tauschen.

Falls sämtliche Anzeigen mitsamt der unerlässlichen Information der Primary Flight Displays ausfallen sollten, gibt es noch zwei kleine Notausführungen von PFD und ND in der Mitte des Instrumentenbretts. Diese beiden ebenfalls auf LCD-Technik basierenden Instrumente werden von einer separaten Stromversorgung und notfalls alleine über die ausklappbare Staudruckturbine (RAT) gespeist und ermöglichen den Piloten als fliegerische Minimalausstattung ganz alleine die sichere Flugfortsetzung und Navigation bis zur Landung. Ihre sichere Benutzung wird regelmäßig als besondere Einlage im Schulungssimulator geübt.

Vor der Mittelkonsole befinden sich der Landeklappenhebel und die vier Schubhebel und deren Zusatzschalter für die Schubumkehr. Anders als in Boeing-Flugzeugen bewegen sich bei Airbus die Schubhebel grundsätzlich nicht analog zur gesetzten Leistung mit, wenn der Autopilot steuert. Mann kann also nicht aus den Augenwinkeln anhand der Schubhebelstellung abschätzen, wie stark die Triebwerke gerade laufen, sondern man liest in einem Airbus dazu das reguläre Engine Display mit seiner Leistungsanzeige in der Mitte der Konsole ab. Gleich rechts daneben ist auch der Fahrwerkshebel eingebaut, den man leicht an einem verkleinerten Reifen an seiner Spitze erkennt. Im Reiseflug benutzen die Piloten dann oft nur den einen drehbaren Schalter der digitalen Eingabeeinheit des Autopiloten am oberen Rand der Konsole, um dem Autopiloten einen genauen Geschwindigkeitsbefehl zu geben, den dieser dann automatisch ausführt und genauestens einhält.

Das wahre Ausmaß einer A380 zeigt sich am Boden. Damit der Riese nach dem Aufsetzen sicher und ohne Kratzer seine Parkposition erreicht, können die Piloten auf eine Reihe neuer Informationsmöglichkeiten zurückgreifen. Als erste Neuerung kann man der automatischen Bremse eine genaue Zielgeschwindigkeit an einem bestimmten Rollweg vorgeben. Dadurch bremst das Flugzeug nach dem Aufsetzen nur gerade so stark, wie es für das Abrollen mit Wunschtempo am gewünschten Taxiway notwendig ist. Das schont das Material, hält die Bremsen kühl und hilft, die stark frequentierte Landebahn schnellstmöglich für den Folgeverkehr frei zu machen. Vor allem für die dann anschließende Bodennavigation verfügt jeder der beiden Piloten noch über einen zusätzlichen Monitor des neuen »Onboard Information Systems« (OIT), der sich seitlich in der Cockpitecke, hinter dem Sidestick und dem Handrad der Bugradsteuerung befindet. Man kann hier wie in einer Bibliothek, mit der Benutzungslogik eines einem normalen Personal Computers, genaue Rollkarten von Flughäfen aber auch detaillierte Handbücher zu technischen Detailfragen abrufen. Damit werden die bisher nötigen kleinen Rollkarten aus Papier und die Regalmeter langen technischen Handbücher an Bord überflüssig. Man kann sogar den aktuellen Standort des Flugzeugs in der Karte einblenden lassen.

Wie in der A340-600, sie ist bekanntlich noch länger als die A380-800 und bleibt das längste Verkehrsflugzeug der Welt, helfen den Piloten Videokameras im Leitwerk und unter dem Rumpf beim Rollen um enge Kurven. Beide Kamerabilder werden übereinander auf dem Multifunktionsdisplay eingeblendet und ermöglichen einen ständigen Kontrollblick, ob das Hauptfahrwerk noch auf festem Grund rollt. Weitere Videokameras sind an Bord installiert. Dazu gehört natürlich die Kontrollkamera für den Bereich vor der gepanzerten Cockpittür und für deren Umfeld aber

Head-up Displays werden als Option angeboten.

Die Wartungsstation für Techniker im Cockpit ist mit allen Bordsystemen vernetzt.

Im Entwicklungssimulator »Aircraft Zero«.

auch Kameras, mit denen man während des Fluges alle Winkel der Frachträume kontrollieren kann. Wenn etwa eine Temperaturanzeige auf ein drohendes Feuer im Frachtraum hinweist, kann man sofort nachsehen, ob wirklich Rauch austritt oder ob vielleicht nur ein Sensor defekt ist. Danach kann man die Brandbekämpfung organisieren und den Feuerlöscher auslösen oder den Sauerstoffgehalt in der Luft des Frachtraums durch Druckablassen reduzieren oder sogar notlanden. Auch für die Sicherheitsüberwachung der Passagierkabine gewinnen Videokameras eine immer größere Bedeutung. Das Cockpit ist heute eine Art »Festung« geworden und bleibt aus Sicherheitsgründen während des Fluges von der Passagierkabine abgeschottet.

Deswegen befindet sich in der A380 hinter den Pilotensesseln noch ein eigener Aufenthaltsbereich für die Piloten und eine Austauschbesatzung. Diese kann entweder gleich hinter den Piloten auf bis zu drei Sitzen im Cockpit Platz nehmen oder sich in zwei Ruheräume hinter der Cockpitwand zurückziehen. Hier verfügt jeder der beiden Piloten über ein komplettes, aber fensterloses Schlafabteil mit einem flachen Bett. Wahlweise kann man es auch hochklappen, um einen Sitzplatz einzurichten. Zum Zeitvertreib sind Monitore des Bordunterhaltungssystems eingebaut. Der Cockpitbereich wird durch ein kleines WC, eine Garderobe und eine Küchenzeile für die Flugbesatzung ergänzt. Die gesamte Cockpitebene befindet sich im »Hochparterre«, vier Treppenstufen höher als das Hauptdeck der Passagiere. Damit sitzen die A380-Piloten zwar nicht ganz so hoch wie ihre Kollegen in einem stolzen Jumbo aber der tote Winkel am Boden vor einer A380, den man aus dem Cockpit nicht einsehen kann, reicht nur 19,8 Meter weit. Aus einem Jumbo-Cockpit reicht diese nicht einsehbare Zone dagegen 26 Meter voraus. Außerdem bleibt das A380-Cockpit nach Airbus-Angaben innen leiser als jenes der 747, das relativ laut vom Fahrtwind umströmt wird. Durch die ähnliche Cockpithöhe von A330/A340/A350 und A380 finden Piloten zudem nach der Umschulung auf das große Muster aus dem Cockpitsitz eine vertraute Perspektive vor, anders als bei der 747, in der man sehr hoch über dem Vorfeld thront.

Direkt unter dem A380-Cockpit befindet sich vorne der Schacht des Bugrades und der Hauptavionikraum. Hier sind in Regalen die »Black Boxes« der Avionik montiert. Ein zweiter Avionikraum befindet sich

In der Emirates-Version der A380 befinden sich einige Toiletten der Economy Class direkt hinter der Panzertür zum Cockpit und schon auf dessen erhöhtem Niveau.

schräg hinter dem Cockpit, am vorderen Ende des Oberdecks. Deswegen kann man im Oberdeck keine Passagierfenster mit Blick nach vorne installieren.

Nur für die Arbeit der Techniker am Boden hat Airbus erstmals im Cockpit der A380 einen separaten Platz eingeplant. Der mittlere Beobachtersitz in der zweiten Reihe im Cockpit hinter den beiden Piloten verfügt nämlich über ein aufklappbares Computerterminal mit Bildschirm und Tastatur. Von hier aus haben die Techniker bequemen Zugriff auf alle Meldungen des bordseitigen Computersystems, wenn sie zwischen den Flügen oder bei Werftaufenthalten alle Bordsysteme überprüfen. Zum Beispiel aufgezeichnete Störungsmeldungen, Füllstände in den Hydraulikbehältern, Ventilstellungen und die Temperaturbelastung der Triebwerke im Verlauf vergangener Flüge. Außerdem kann das Flugzeug auch aus dem laufenden Flugbetrieb Textmeldungen an die Werft funken.

Auch die Zukunft des A380-Cockpits kündigt sich bereits an: Der neueste Trend in zivilen Cockpits sind Head-up Displays (HUD). Diese aus der Militärluftfahrt schon länger bekannten Anzeigen auf halbdurchlässigen Spiegeln im direkten Blickfeld der Piloten werfen ihre Informationen scheinbar direkt auf die Cockpitscheibe. Vorteil: Der Pilot braucht, zum Beispiel in der schwierigen Landephase kurz vor dem Aufsetzen unter Instrumentenflugbedingungen, nicht den Blick zum Instrumentenbrett zu senken, um dort unten seinen Landekurs zu überprüfen. Er sieht die Anzeigenadeln stattdessen gestochen scharf in seinem Blickfeld draußen »über« der echten Landebahn. Noch interessanter wird die Nutzung von HUDs, wenn man auf ihnen die Videobilder von Infrarotkameras einblendet, wodurch die Piloten auch bei Dunkelheit und Nebel, nach draußen sehen könnten. Diese heute vor allem beim Militär und in größeren Business-Jets genutzte Technologie dürfte sich noch während der Lebensdauer der A380 auch in zivilen Großflugzeugen durchsetzen.

Airbus erprobt derzeit in einer fliegenden A340 ein HUD und will das System für alle Muster inklusive der A380 als primäres Fluginstrument behördlich zulassen. Die A380-Kunden Air France und Fedex haben sich HUDs als Extra bereits bestellt. QANTAS aus Australien gilt als weiterer ernsthafter Interessent, sowohl für die A380, als auch für die kleinere A330. Die Deutsche Lufthansa hatte eine Entscheidung noch nicht gefällt aber erwägte, wenigstens die Cockpitverkabelung ihrer A380 für die Nachrüstung mit HUDs vorbereiten zu lassen, was auch den späteren Wiederverkaufswert erhöht.

Das Cockpit der A380 befindet sich genau zwischen den beiden Etagen im Bug. Hinter den beiden Piloten gibt es im Cockpit noch drei Sitze für mitfliegende Austauschpiloten.

Testflug an Bord des Prototypen

Am Steuer der A380

Ende August, 2006. Gleich nach der Rückkehr aus den Sommerferien liegt eine sehr ungewöhnliche E-Mail im Posteingang der FLUG REVUE: Airbus lädt ein zum »A380 Pilot Flight«, man möge doch bitte die Daten des Piloten übermitteln. Was ist denn eigentlich ein »Pilot Flight«? Auch die Airbus-Pressestelle erkundigt sich erst noch mal im Hause und teilt dann mit, dass eine Hand voll internationaler Luftfahrt-Fachzeitschriften jeweils einen Piloten und einen Redakteur entsenden dürfe, um die A380 im Flug und am Steuer kennen zu lernen. Mit Starts- und Landungen aus der echten Cockpitperspektive und am Steuer der A380! Auch wenn Luftfahrtjournalisten mit etwas Glück schon einmal an Bord nagelneuer Flugzeuge mitfliegen dürfen, etwa beim Route-Proving, der Streckenflugerprobung, kurz bevor der volle Liniendienst bei einer Airline beginnt, ist diese Einladung außergewöhnlich. Für die Berichterstattung ist diese äußerst seltene Gelegenheit eine Art »Sechser im Lotto«. Noch wurde die A380 nämlich nicht zugelassen, es handelt sich also um einen echten Testflug, dazu mit der ersten A380, dem Prototypen MSN001.

Normalerweise ist der Mitflug in neuen Flugzeugmustern vor deren Zulassung ausschließlich der Testbesatzung des Herstellers und Piloten der Zulassungsbehörden vorbehalten. Bis jetzt ist ja formell nicht nachgewiesen, dass das Flugzeug allen Lebenslagen den Anforderungen sicher genügt. Deshalb prangt an allen noch nicht zugelassenen Flugzeugen, und übrigens auch auf vielen selbst gebauten Kleinflugzeugen, in großen Lettern das Wort »Experimental« als Warnung über der Tür. Jeder Mitflieger weiß, Einsteigen auf eigene Gefahr! Auch darf kein Experimentalflugzeug kommerziell Passagiere oder Fracht befördern.

So eine dramatische Zitterpartie oder gar Heldentat ist der Mitflug in der A380, technisch betrachtet, nun allerdings auch wieder nicht. Denn die A380 hat mittlerweile ihr gesamtes Geschwindigkeits- und Höhenspektrum in allen Beladungszuständen erflogen. Mit echten Überraschungen ist also nicht mehr zu rechnen. Der aufsprengbare Fallschirmschacht unter dem Bug von MSN001, den man für die potenziell heiklen Phasen Erstflug und Grunderprobung einst eingebaut hatte, ist längst stillgelegt. Außerdem wird die eigentliche Airbus-Testbesatzung die ganze Zeit mit dabei sein und kann bei allen unvorhergesehenen Situationen eingreifen. Sie kennt das Flugzeug auch in echten Extremzuständen genau.

Beratungsrunde in der FLUG REVUE: Wer käme als unser Testpilot für die A380 in Frage? Airlinepiloten von echten A380-Kunden könnten – jedenfalls theoretisch – in ihrem Urteil befangen sein. Außerdem kennen die leitenden A380-Piloten der Kundenairlines das Programm durch ihre enge Zusammenarbeit mit Airbus schon lange Zeit sehr detailliert. Kann man von diesen routinierten Profis noch die unverfälschten, frischen Eindrücke eines Neulings erwarten? Also suchen wir jemand externen, der möglichst einen Ingenieurhintergrund hat, vielleicht sogar Testpilot ist und seine Eindrücke sehr gut kommunizieren kann. Wir fragen beim DLR, dem Deutschen Zentrum für Luft- und Raumfahrt, sozusagen der »deutschen NASA«. Ein Kollege aus der Berliner DLR-Pressestelle in Adlershof gibt den entscheidenden Tipp, sich an einen jungen DLR-Testpiloten im bayerischen Oberpfaffenhofen zu wenden, Steffen Gemsa. Gemsa, durch und durch flugbegeistert, Segelflieger, Prüfer, diplomierter Luftfahrtingenieur und lizensierter Linien- und Testpilot, steuert üblicherweise als Technischer Luftfahrtzeugführer einen umgebauten Falcon-20-Businessjet bei der Flugabteilung des DLR, der häufig zur Atmosphärenforschung benutzt wird. Durch nachträglich eingebaute Luken und außen angebrachte Zuatzbehälter lässt sich das zweistrahlige Flugzeug für jeden Forschungsauftrag mit der immer wieder wechselnden, erforderlichen Messausrüstung modifizieren. Oft müssen dafür zunächst, nicht immer völlig ungefährliche, Testflüge durchgeführt werden, um die manchmal exotischen Messkonfigurationen zuzulassen. Die eigentlichen Messflüge finden später weltweit statt und haben Gemsa schon rund um den gesamten Globus in alle Klimazonen geführt. Außerdem begutachtet er für das DLR Flugzeuge, die als künftige Forschungsflugzeuge in Frage kommen könnten. Gerade hat er mit Kollegen die von EADS gebaute CASA 295 auf ihre Verwendungsfähigkeit für Polarflüge getestet und ist von dem robusten, nach schwerem Militärstandard gebauten, zweimotorigen Turboprop-Schulterdecker begeistert. Daneben war er gerade für ein anderes Projekt bei Airbus unterwegs und hat sich ausführlich in die Bedienungsphilosophie des Glascockpits der A330 eingearbeitet und fleißig Simulatorrunden gedreht. Außerdem hat er an der National Test Pilot's School im kalifornischen Mojave Kurse belegt. Nach einem ersten Telefonat wird schnell klar, Gemsa ist »unser Mann«. Er macht gerne mit und das DLR stellt ihn für diesen kurzfristigen Sondereinsatz unbürokratisch frei.

Steffen Gemsa und Airbus-Testpilot Peter Chandler (rechts) kurz vor dem Beginn des Sinkflugs auf Toulouse.

Gastpilot Steffen Gemsa legt die A380 in eine sanfte Linkskurve. Der DLR-Testpilot aus Oberpfaffenhofen saß für einen Artikel in der FLUG REVUE als Gast am Steuer von MSN001.

Zwei Wochen später. Wir haben ausführliche Anmeldeformulare ausgefüllt, Gemsas Lizenzen als gescannte PDF-Dateien eingereicht, uns über die interessantesten Flugmanöver für die Berichterstattung abgesprochen sowie diese vorab als Wunsch an Airbus übermittelt und zur Vorbereitung das dicke Airbus-Pilotenhandbuch für die A380 angefordert und durchgearbeitet. Endlich geht es nach Toulouse! Nach einem gemeinsamen Mittagessen mit Claude Lelaie, dem Chef aller Airbus-Testpiloten und Jacques Rosay, dem A380-Cheftestpiloten, sowie A380-Testpilot Peter Chandler und Fernando Alonso, der als leitender Flugtestingenieur ebenfalls mitfliegen wird, fahren wir zu einem ausführlichen Briefing ins »Allerheiligste«, nämlich in das Airbus-Flugtestgebäude, das wie eine isolierte Insel auf dem Werksvorfeld in Saint Martin, an der Westseite des Toulouser Flughafens steht. In den zweistöckigen Klinkerbau auf dem Vorfeld kommen fast nie externe Gäste. Zu sensibel ist der Flugbetrieb mit der Airbus-Testflotte, deren Einsatzdetails normalerweise vor fremden Augen verborgen bleiben sollen. Ob neue Triebwerksvarianten an der A318 erprobt und zugelassen werden, Winglets unterschiedlicher Hersteller an der A320-Familie zu vermessen sind oder die A340-600 Starts mit ausgefallenem Triebwerk simuliert, hier laufen alle Fäden zusammen. Das unscheinbare Gebäude aus Beton und rotem Backstein, reihum parkt dicht gestellt die Airbus-Testflotte, besteht außen aus Büros und innen aus einer kleinen Werkhalle, in der die Nutzlasten für die Testkabinen vorbereitet werden. Hier stehen palettenweise Ballasttanks, einzelne Sitzreihen, klobige Computerregale und allerlei technische Testeinbauten, deren Sinn sich nicht auf den ersten Blick erschließt. Hand verlesene Techniker bereiten alle Einbauten penibel vor. Man fühlt sich eher an die klinisch reine Werkstatt eines Formel-1-Rennteams erinnert, als an eine normale Werkhalle. Auch oben in den Büros mit Vorfeldblick spürt man eine besondere Atmosphäre: Die Einsatzzentrale erinnert mit einem langen Tresen, Monitoren und großen Schreibtafeln, auf denen man die Tagesaufgaben und den Flugstatus der einzelnen Jets ablesen kann, ein wenig an die Betriebsleitung einer Airline. An den Garderobenstangen hängen hier allerdings die orangefarbenen, feuerfesten Overalls der Testpiloten, die, gleich eine Tür weiter und nur durch Glaswände abgetrennt, ihre Büros haben. Hier finden auch die üblichen, schier endlosen Besprechungen der Testbesatzung mit den Ingenieuren statt. Was funktioniert bereits gut, und wo muss noch etwas geändert werden? Wir treffen uns im Raum »Synode« des Flight Test Centers, der mit Flugzeugpostern dekoriert ist.

»Es ist ein Flugzeug wie die anderen, haben Sie keine Angst« eröffnet Jacques Rosay freundlich die Runde. »Und es ist eines der einfachsten Flugzeuge. Der Hauptunterschied ist das interaktive Cockpit mit Trackball (einer Art Computermaus) und Cursor (Mauszeiger). Alle erforderlichen Checklisten erscheinen auf dem ECAM-Bildschirm vor Ihnen.« Das Cockpit folge der bekannten Airbus-Philosophie mit elektronischer Steuerung per Sidestick und Pedal, bei der Computer die Einhaltung sicherer Grenzen überwachen. Alle Anzeigen seien auf in Flugrichtung blickende Piloten ausgerichtet und wenn alles richtig funktioniere, sei es ein »Dark Cockpit« (dunkles Cockpit). Das heißt, nur wenn abweichende Systemmeldungen oder Störungen registriert werden, leuchten die sonst dunklen Warnanzeigen auf. Das A380-Cockpit sei absichtlich kein radikaler Bruch. »Wir haben die wesentlichen Dinge behalten, aber vieles verbessert«, fasst Rosay zusammen. »Wir wollten kein völlig integriertes Cockpit und haben bestimmt Aufgaben absichtlich separiert.«

Fernando Alonso gibt noch einen Überblick über den Status der A380-Testflotte: »Unsere fünf Flugzeuge im Zulassungsprogramm, MSN001, MSN002, MSN004, MSN007 und MSN009, letztere für die Zulassung der Engine-Alliance-Triebwerke, waren bisher bei 621 Flügen 2015 Stunden in der Luft. MSN004 steht gerade am Boden, wir brauchen sie für die Zulassung der Bremsen. MSN002 dient derzeit Tests mit magnetischen Interferenzen und MSN001, hier vor dem Fenster, ist unser morgiges Flugzeug. MSN007 befindet sich gerade in Hamburg und erhält ein neuartiges Passagierunterhaltungssystem von Matsushita und eine andere Ruheraumoption für die Besatzungsmitglieder, die abweichend zugelassen werden müssen, und MSN009 steht bei den Triebwerksleuten. Wir haben schon 80 Prozent der Flugerprobung geschafft und hoffen, Ende Oktober flugseitig fertig zu sein.«

Dann erinnert sich Alonso an die vergangenen Vereisungstests mit der A380: »Zwölf Stunden langt parkt das Flugzeug beim Cold Soak Test (Auskühltest) bei Minus 40 Grad Celsius im Freien – mit offenen Türen! Dann drückt man den Knopf und es soll anspringen.«

Er berichtet, dass die Enteisungsanlage am Flügel gut funktionierte und nicht habe verändert werden müssen. »Der Radius der Flügelvorderkante ist bei der A380 ohnehin so groß, dass sie nur ganz langsam vereist.« Die inneren Vorflügel kämen deshalb ohne jegliche Enteisungsanlage aus. Lediglich Slat 4, also der Vorflügel innerhalb der äußeren Triebwerke, der besonders viel Auftrieb liefere, sei Heißluft enteist. »Die Enteisung bei Slat 4 könnten wir sogar auch noch weglassen«, fällt ihm Claude Lelaie freundschaftlich ins Wort. Alonso fährt fort und berichtet, dass die A380 bei ihren Vereisungstestflügen jeweils 30 bis 45 Minuten in Gewitterwolken unterwegs gewesen sei und über 100 Mal ohne schwere Folgen von Blitzen getroffen worden sei. Die Minimalgeschwindigkeit des vereisten Flugzeugs verringere sich nur ganz geringfügig von 116 Knoten auf 115 Knoten, der Anstellwinkel beim Strömungsabriss verringere sich nur um be-

Jacques Rosay bereitet die A380 auf den bevorstehenden Flug mit Gastpiloten vor.

scheidene zwei Grad. Mit ausgeschalteter oder ausgefallener Flügelenteisung erhöhe sich die Anfluggeschwindigkeit der A380 nur um fünf Knoten. Alonso fasst zusammen: »Nach den Flugtests in echten Vereisungsbedingungen haben wir auch noch künstliche Vereisungsprofile aus Kunststoff an die Flügel geklebt. Die waren viel schlimmer als die echte Vereisung. Fazit: Die A380 ist von allen Airbus-Flugzeugen am wenigsten empfindlich gegen Eis.« Cheftestpilot Claude Lelaie beschließt die Einführungsrunde: »Wir treffen uns hier wieder morgen früh um 8.30 Uhr und fliegen um 9.00 Uhr los.«

Am nächsten Morgen bringt uns ein Kleinbus vom Hotel zum Flughafen. Fünf Piloten und fünf Journalisten versuchen sich gegenseitig davon überzeugen, dass selbstverständlich die eigene Mannschaft zuerst im Cockpit und am Steuer Platz nehmen müsse. Unter den Piloten sind ein alt gedienter britischer Testpilot, ein Kapitän auf der Boeing 737 von Southwest Airlines aus den USA, der einst als Testpilot an der Entwicklung der General Dynamics F-16 in Edwards beteiligt war, ein MD-11F-Kapitän von Lufthansa Cargo, ein junger Trainingskapitän von Air Canada, der dort für die Simulatorschulung auf den beim Glascockpit mit der A380 eng verwandten Regionaljets von Embraer zuständig ist, und Steffen Gemsa. Die jungen lassen den alten Hasen den Vortritt, aber jeder Pilot darf ohnehin mindestens drei komplette Platzrunden und gesonderte Manöver in mittleren und großen Höhen fliegen. Über drei Stunden Flugzeit werden reichen, um jedem Piloten einen fliegerischen Eindruck zu vermitteln. Wir werden von Toulouse nach Toulouse fliegen und unterwegs Kurs Richtung Bordeaux, in einen für Testflüge reservierten Luftraum, nehmen.

Fernando Alonso kann an seiner Testkonsole im Hauptdeck alle Bordsysteme und alle Eingaben der Piloten überwachen. Per Kopfhörer und Kamera steht er ständig im Kontakt mit dem Cockpit.

Unsere A380, MSN001, Kennnzeichen F-WWOW, Kurzwellen-Funkrufzeichen (SELCAL) AJ-DM steht schon aufgetankt vor dem Flugtestgebäude, ein Schlepper steht zum »Pushback« bereit. Vom Flur vor unserem gestrigen Besprechungsraum führt eine Treppe direkt aufs Vorfeld, von wo wir die A380 über eine überdachte Passagiertreppe betreten. Die Testpiloten Jacques Rosay und Peter Chandler, Ingenieur Gérard Desbois, er kennt »seine« MSN001 und alle ihre Besonderheiten und Fernando Alonso begleiten die Testgäste und einige Mitarbeiter der Airbus-Pressestelle. Die Kabine von MSN001 strahlt spartanische Testatmosphäre aus: Man blickt auf unverkleidete Wände, Kabelbäume, lange Viererreihen von Ballasttanks und Haltestangen wie im Autobus. An seiner Computerkonsole im Hauptdeck, etwa auf Höhe der Flügel und im Schwerpunkt, sitzt bereits Testingenieur Alonso. Die hier gegenüber eingebaute zweite Messwarte für die Trent-Triebwerke bleibt heute unbesetzt. Für mit fliegende Techniker sind am vorderen Rand des Oberdecks einige gebrauchte Sessel der Economy-Class auf Paletten eingebaut worden und dahinter große Kisten mit Werkzeug und Kleinteilen. An der Seitenwand fehlt der äußere Rand der Fußbodenabdeckung, so dass man aus dem Oberdeck, entlang der Wand, durch ein Netz auch ins Unterdeck blicken kann.

Neben der Eingangstür wurde als Tribut an die Bequemlichkeit noch eine enge Containertoilette, fast wie ein Baustellenklo, installiert. Bis auf ein (heute leeres) Regal für Proviant und Getränke bietet diese A380 keine sonstigen Komfortinstallationen. Sie ist ja kein Kundenflugzeug und bleibt als einzige A380 als Versuchsträger dauerhaft bei Airbus. Auf den fünf Cockpitsesseln (zwei Pilotensitze und drei Beobachtersitze dahinter) herrscht mittlerweile Gedränge aber neben Fernando Alonso, also hinten, ist noch Platz. Er ist quasi der »Big Brother« an Bord und sitzt an einer

Monitorwand, die Cockpitbilder per Minikamera aus allen erdenklichen Perspektiven und auch Außenansichten unseres Flugzeugs überträgt. Außerdem werden ihm alle Cockpitinstrumente angezeigt und alle Systemzustände, allerdings in einer viel genaueren Form, als den Piloten selbst, gemeldet. Jedes einzelne Ventil kann man hier überwachen, jeden Füllstand, jeden Druck und jede Drehzahl oder Temperatur. Auf Wunsch werden alle Daten sogleich auf Millimeterpapier ausgedruckt. Zusätzlich werden die Flugdaten auch an die Airbus-Bodenstation »Télémesure« übertragen, um sie noch ausführlicher auszuwerten. Man kann jeden kleinen Ausschlag der Ruderpedale im Cockpit von hier hinten aus mitverfolgen und sehen, wie feinfühlig ein Pilot den Riesen im Griff hat oder ob er unbeholfen »herumeiert« oder gar das Flugzeug unbeholfen aufschaukelt. Natürlich ist Alonso auch über die Bordsprechanlage per Kopfhörer akustisch mit dem Cockpit verbunden und hört den Funk mit. Er wird heute vor allem die Gastpiloten genau beobachten, um zu sehen, wie leicht sie mit der A380 zurechtkommen und ob noch irgendwo bei der Bedienung Missverständlichkeiten oder Überraschungen lauern. Auch bei den spektakulären Airshow-Auftritten der A380, etwa auf der Luftfahrtmesse in Le Bourget, sitzt Alonso bei der Flugschau an Bord und freut sich, seine Piloten dann in Stresssituationen mit besonders hoher Arbeitsbelastung beobachten zu können.

Wir haben heute 90 Tonnen Kerosin an Bord und liegen mit 390 Tonnen Gesamtasse knapp über der zulässigen, maximalen Landemasse. Nachdem Flugzeug und Testausrüstung kontrolliert sind, drückt uns ein Schlepper rückwärts zum Anlassen der Triebwerke auf das Airbus-Werksvorfeld. Hier übernimmt uns der reguläre Tower von Toulouse und erteilt bei leichtem Westwind die Freigabe zum Rollen auf Startbahn 32L. Nach der Startfreigabe, aber noch im Stillstand am Startbahnende, werden die Leistungshebel der Triebwerke vor dem Anrollen erst einmal kurz auf 30 Prozent gebracht, damit die gewaltigen Triebwerksschaufeln Zeit zum schonenden »Spool up«, dem Hochdrehen, haben. Wenn man dann den eigentlichen Startschub setzt, rollt die A380 völlig mühelos und leichtfüßig an. Weil wir heute, wie im späteren Routinebetrieb, die Schubhebelraste »Flex T/O« (flexible Takeoff) und nicht Maximalleistung gewählt haben, berechnet der Computer aus aktueller Masse, Startbahnhöhe und -länge, und aktuellem Wetter die Material schonendste Leistungseinstellung. Heute genügen uns 75 Prozent Leistung. Bei voller Leistung entwickelt jedes unserer vier Trent 972-Triebwerke 32,6 Tonnen Schub. Mit etwas Übermut könnte man natürlich trotz eines heute leichten Flugzeugs mit vollem Schub, »wie Schmidts Katze«, starten, dies würde sich aber mit mehr Lärm, höherem Verbrauch und auf lange Sicht höherem Verschleiß und höheren War-

Oben: An Bord von MSN001. Blick vom hinteren Hauptdeck in Flugrichtung. Ballasttanks ermöglichen die Schwerpunktverlagerung. Direkt über dem Flügel befinden sich die Schaltschränke der Messcomputer. Davor sitzt Testingenieur Alonso und, bei Bedarf, separate Triebwerkstestingenieure.

Links: Das Oberdeck von MSN001 ist ebenfalls mit Ballasttanks gefüllt. Das Foto entstand von einer kleinen Plattform im Heck aus.

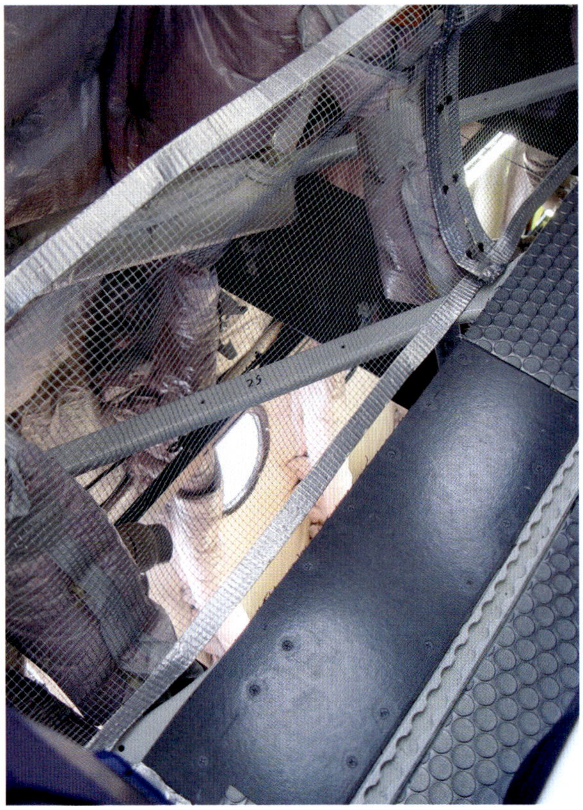

Links: In der innen unverkleideten MSN001 kann man aus dem Oberdeck ins Unterdeck blicken. Die Testkabine ist innen nur provisorisch ausgestattet. Hier fliegen nur wenige Testingenieure mit. Falls es irgendwo raucht oder funkt, könnte man sofort die Quelle lokalisieren.

Rechts: Unter dem orangefarbenen Deckel befindet sich bei MSN001 der Schacht zur Notabsprungluke. Ihren Außendeckel kann man über einen Cockpitschalter absprengen.

tungskosten rächen und auch kein typisches Bild vermitteln.

Nach sparsamer, leiser und dennoch zügiger Beschleunigung passieren wir bei 130 Knoten die Entscheidungsgeschwindigkeit V1. Falls jetzt eine ernsthafte Störung aufträte, etwa ein Triebwerksausfall, würden wir den Start in jedem Fall fortsetzen, eine Platzrunde fliegen und erst dann wieder landen. Zum sicheren Bremsen auf der Bahn wären wir jetzt schon zu schnell. Bei 140 Knoten wird mit einem sanften Zug am Sidestick das Bugrad angehoben, wir rotieren und heben sanft ab. 1300 Meter Rollstrecke oder 36 Sekunden hat unser Startlauf gedauert. Während das Fahrwerk einfährt, klettert die A380 zunächst eher gemütlich auf der Toulouser Standard-Abflugstrecke in die Wolken, die uns ab 9000 Fuß Höhe umschließen. Stellt man nun die Triebwerkshebel auf die Raste »CLB« (climb/steigen) um, erhöht der Computer von der vorherigen »Schonstufe« auf bis zu 98 Prozent Schub und hebt uns mühelos mit einer ordentlichen Steigrate von 4500 Fuß pro Minute durch die Waschküche. Eine Warnlampe im Cockpit zeigt an, dass sich das Ventil für die Zapfluftenteisung von Triebwerk 2 nicht öffnen will. Fernando Alonso gestattet uns nach den oben genannten Test-Erfahrungen trotzdem den Weiterflug durch die Wolken. Mit 3000 Fuß Steigen durchbrechen wir bei knapp 18 000 Fuß Flughöhe (etwa 5500 Meter) die Wolkendecke und steigen weiter auf 30 000 Fuß.

Hier dürfen alle Gastpiloten reihum einmal ans Steuer, um die Handlingeigenschaften der A380 in der dünnen Höhenluft auf Reiseflughöhe zu erkunden. Wechselnde Schräglagen bis zu extremen Steilkurven, extremer Schnell- und Langsamflug und allerlei Höhenwechsel gehören dazu. Die A380 wirkt dabei wendig, wie ein wesentlich kleineres Flugzeug. Wenn man es sich im vorderen Oberdeck in einem der wenigen Passagiersessel bequem macht, genießt man jetzt aus den Seitenfenstern spektakuläre Blicke auf die Landschaft beziehungsweise Wolkendecke. Solche Steilkurven, nach Computerlimit möglich sind bis zu 67 Grad Schräglage, erlebt kein späterer Linienfluggast. Hier sind nur Kurven nur mit sanften 30 Grad oder auch mal mit 45 Grad üblich. Bei diesen regulären Kurven hält eine Automatik der Flugsteuerung die Höhe, kurvt man aber ausnahmsweise steiler als 60 Grad, so wie jetzt, schaltet sich die Höhenhalte-Automatik aus. Der Pilot muss nun, wie in jedem anderen Flugzeug auch, leicht am Höhensteuer ziehen, um im Kurvenflug den durch die Schräglage verringerten Auftrieb auszugleichen. Einer der Gastpiloten scheint diese Feinarbeit noch zu üben. Wie bei einer gewaltigen Achterbahnfahrt, saust die A380 über virtuelle Hügelkuppen und durch Täler. Wohl dem, der jetzt sicher angestellt ist und einen robusten Magen hat. In einer kurzen Pause zum Pilotenwechsel sieht sich ein Journalistenkollege die kleine Containertoilette im Hauptdeck einmal näher an...

An der Seite von Fernando Alonso sitzend sinken wir nun auf mittlere Höhen. In der hier dickeren Luft werden noch mehr Manöver geflogen. Simulierte Warteschleifen und Ausweichmanöver zum Beispiel. Dann folgt einer der fliegerischen Höhepunkte, der extreme Schnell- und Langsamflug. In voller Absicht, und natürlich nach Absprache, lässt Steffen Gemsa am Steuer sitzend die A380 mit Höchstgeschwindigkeit sinken. Dabei werden die vier Leistungshebel absichtlich nicht zurückgenommen. Unsere Fahrtanzeige steigt und nähert sich bedrohlich der roten Linie. Dem Flugzeug merkt man die Belastung nicht an. Man spürt kein Rütteln oder Bocken. Aber wenn wir noch schneller werden sollten, überqueren wir die rote Linie des

Start in Toulouse. Die A380 fühlt sich für die Piloten nicht wie ein besonders großes Flugzeug an.

Der Strömungsabriss scheint sich mit einem ganz leichten Schütteln im Flügel anzukündigen.

Geschwindigkeitsanzeigers. Das bedeutet Bruchgefahr! Wie von Geisterhand, und genau wie erwartet, nimmt die A380 jedoch kurz vor dieser Gefahrenschwelle selbständig die Nase etwas hoch, um Fahrt abzubauen. Dadurch verhindert das Flugzeug die Gefahrensituation. Es ist eine Sache, sich diese Automatik in einem Simulator am sicheren Boden vorführen zu lassen und eine andere, mal unter der Bedingungen der realen Welt die Probe aufs Exempel vorzunehmen. Es funktioniert! Entgegengesetzt reagiert das Flugzeug beim extremen Langsamflug. Kurz vor dem für große Flugzeuge gefährlichen Strömungsabriss, der sich mit einem ganz leichten Schütteln im Flügel anzukündigen scheint, hört man die Triebwerke deutlich aufheulen. Der Computer hat vollen Schub kommandiert und bringt das Flugzeug wieder in einen sicheren Geschwindigkeitsbereich.

Nachdem wieder alle Piloten reihum an der Reihe waren, kehren wir nach Toulouse zurück. Jetzt kann man auch ein wenig durch die beiden Etagen der Kabine flanieren, die überwiegend mit Ballasttanks gefüllt sind. Ganz hinten im Oberdeck verfügt MSN001 über eine Besonderheit: Ein Bullauge mit Blick nach oben. Man brauchte es, um von einer kleinen Plattform die riesige Seitenleitwerksflosse bei Vereisungstests zu filmen. Nur diese A380 besitzt das Bullauge. Im Oberdeck-Heck ist auch die Trommel für das Kabel der Schleppsonde befestigt. Wenn man sie im Flug ausfährt, sie tritt am hinteren oberen Rand der Heckflosse aus, kann man von den Luftwirbeln des Flugzeugs unverfälschte Geschwindigkeitswerte messen. Wieder vorne im Hauptdeck sieht man auch noch den Deckel des Absprungschachts, den man als Notausgang für die frühen Testflüge installierte. Heute hat aber niemand einen Fallschirm mit.

Fernando Alonso registriert genau, wie sich die Piloten schlagen, denn jetzt kommt die hohe Schule, das Landen. Alle Piloten schaffen auf Anhieb weiche Landungen, obwohl sie vor unserem Flug keinerlei A380-Simulatortraining absolviert hatten. Subjektiv scheinen die jüngeren Piloten noch einen Tick besser mit dem Flugzeug zu Recht zu kommen, als die alten, selbst wenn sie weniger Erfahrung auf schweren Flugzeugen aber dafür schon in Glascockpits gesammelt haben. Mit drei Fuß sinken pro Sekunde bescheinigt Alonso, Steffen Gemsa nach dem Flug das sanfteste Aufsetzen der Gruppe. Nach dem Aufsetzen werden die Klappen jeweils auf die Startstellung zurückgebracht und wir starten durch in die nächste Platzrunde. Die Gastpiloten wechseln sich dann immer im Gegenanflug ab. Das Wetter hat sich mit Böen und großflächigen Regenwolken deutlich verschlechtert und zerrt mit Turbulenzen an unserem Riesen. Aber die A380 lässt sich willig auf Kurs halten und reagiert ruhig und nicht nervös auf die Neulinge an ihrem Steuer. Nach der letzten Landung rollen wir auf ein besonders enges Airbus-Werksvorfeld, dass an drei Seiten von schrägen Strahlabweiserwänden aus Beton begrenzt wird. Hier wollen die Gastpiloten die Rolleigenschaften und die Wendigkeit am Boden kennen lernen. Auf nur 60 Metern Bahnbreite schafft die A380 Kehrtwenden. Auch wenn man aus dem Cockpit, jedenfalls bei geschlossenen Seitenfenstern, die Flügelspitzen nicht sehen kann, helfen einem die Rollkameras unter dem Rumpf und auf dem Leitwerk, um eine genaue Vorstellung von Sicherheitsabständen zu Hindernissen zu gewinnen. Eine Kamera unter dem Rumpf blickt voraus aufs Bugrad, so dass man stets genau auf der gelben Rolllinie bleibt. Nicht zu vergessen sind auch die sehr genauen Rollkarten auf den beiden Monitoren des Onboard Information Systems in den Cockpitecken. Selbst auf einem Vorfeldlabyrinth wie hier bei Airbus in Toulouse, findet man sich damit auf Anhieb zurecht, weil man seinen aktuellen Standort, selbst bei dichtestem Nebel oder bei Nacht, auf der Rollkarte angezeigt kriegt.

Nach drei Stunden Flug und einer halben Stunde »Fahrschule« kehren wir an unsere Parkposition zurück. Die A380 wird gleich wieder aufgetankt und für ihren nächsten Testflug vorbereitet und wir besuchen noch kurz das Mock-up Zentrum, um uns die A380-Kabineneinrichtungen der Airlines im Modell anzusehen, das einzige, was uns MSN001 über die A380 heute nicht verraten konnte.

Bei dieser eng geflogenen Kurve mit gesetzten Klappen bilden sich kleine Kondensstreifen an den Triebwerksaufhängungen.

Zwei Großraumjets übereinander

Die Kabine der A380

In der Economy Class bei Emirates. Das gesamte Hauptdeck ist mit den preiswerten Sitzen gefüllt. Oben befinden sich bei Emirates nur Sitze der First und Business Class und eine Bar.

Das Markenzeichen des neuen Super-Airbus sind seine beiden Passagierdecks. Sie ermöglichen dem Flugzeug eine wesentliche Erhöhung der Kapazität, ohne das die äußeren Dimensionen gegenüber der 747-400 zu stark zunehmen. Man kann sich die A380 ungefähr wie eine 747 mit oben aufgesetzter A340 vorstellen. Richard Carcaillet, Director Product Marketing A380, pries seinen neuen Doppeldecker als Quantensprung bei der Produktivität an: »Die A380-800 kann mit 555 Sitzen 143 Passagiere mehr transportieren (als die Boeing 747-400) und 1700 Kilometer weiter fliegen. Das entspricht 52 Prozent mehr Produktivität.« Zudem biete die A380 rund 50 Prozent mehr Fußbodenfläche, sei aber nur mit 35 Prozent mehr Sitzen bestuhlt, was zu sehr viel höherem Bordkomfort als bei der Konkurrenz führe. Mittlerweile gibt Airbus die typische Passagierzahl mit 520 Sitzen an weil immer mehr Airlines großzügige Business-Class-Abteile installieren, was die Passagierzahl gegenüber einer großen Economy-Kabine reduziert. Behördlich zugelassen wären sogar 853 Passagiersitze, jene Zahl, die Airbus beim Hamburger Evakuierungstest erfolgreich vorgeführt hat.

Wenn man die A380 durch die erste linke Tür im Hauptdeck betritt, steht man zunächst in einer Art Foyer. Links führt eine gepanzerte Tür, die während des Fluges stets verschlossen bleibt, in den Cockpitbereich, der vier Treppenstufen höher als das Hauptdeck liegt. Rechts kann man entweder über eine breite Treppe, die für zwei Passagiere mit Handgepäck nebeneinander reicht, in der Mitte der Kabine ins Oberdeck schreiten, oder man bleibt »unten«, nimmt die ebenfalls breiten Gänge zu beiden Seiten der Treppe und schreitet ins erste Hauptdeckabteil. Im so genannten Marketing-Mock-up, einer originalgroßen A380-Rumpfattrappe der Verkaufsabteilung in Toulouse, hat Airbus eine verschwenderische Erste-Klasse-Kabine installiert: Unterhalb der Treppe ins Oberdeck ist eine futuristisch gestaltete Bar installiert. Hier könnten Passagiere der ersten Klasse sich im Flug auf Barhockern treffen. Vor die Eingangstüren der Kabine können während des Fluges Bücherregale geschoben werden, dann wird das Eingangsfoyer zur »Bibliothek«. Im Kabinenabschnitt hinter der Bar sind riesige Schlafsessel mit großen Monitoren am Platz installiert. Und das in verschwenderischen Viererreihen auf der gesamten Kabinenbreite, wo auch zehn Sessel Platz fänden.

Im Hauptdeck erkennt man stets, dass man sich in einer A380 befindet: Die Wände stehen fast senkrecht und erreichen ihre größte Kabinenbreite erst in Kopfhöhe. Wenn man bei enger Economy Class-Bestuhlung am Fenster sitzt, hat man wesentlich mehr Abstand zur Wand als in den herkömmlichen Airbus-Mustern mit kreisrundem Kabinendurchmesser, wo einem die Wand in Kopfhöhe schon deutlich näher kommt. Auch gegenüber der Boeing 747 punktet die A380 beim Vergleich der Hauptdeckbreiten: In Fußbodenhöhe ist sie 30,5 Zentimeter breiter, als der Jumbo und in Fensterhöhe sogar 48 Zentimeter breiter. Deshalb eignet sich das Hauptdeck vor allem für ein sehr großes Economy Class-Abteil. Bei typischer Bestuhlung sitzen drei Passagiere am Fenster, vier in der Mitte und drei an der gegenüber liegenden Fensterfront. 33 Prozent aller internationalen Fluggäste aus den USA entscheiden sich nach einer Umfrage des US-Handelsministeriums bei der Auswahl einer Airline nach dem Preis. Erst mit weitem Abstand und 17 Prozent folgt ein bequemer Flugplan als zweitwichtigster Grund. Dank ihrer Größe ermöglicht die A380 sehr niedrige Kosten pro Sitz, wenn man entsprechend viele Plätze einbaut. Ob die Airlines deshalb wirklich lieber verschwenderische First-Class-Sessel oder doch mehr Plätze billigerer Klassen einbauen, bleibt abzuwarten. Zumal eine gut ausgelastet Business Class

Im hinteren Hauptdeck der Economy Class bei Singapore Airlines fehlt ein Sitz. An seiner Stelle befindet sich die Notausstiegsluke des Ruheraums für Flugbegleiter im Unterdeck.

Der offene Wasserfall am oberen Ende der Treppe bei Emirates dient auch als Luftbefeuchter. Er wurde ausführlich getestet und zugelassen und darf sogar bei Start und Landung laufen.

und nicht etwa die First Class heute als optimaler Ertragsbringer an Bord von Flugzeugen gilt. Der mögliche Umsatz wird genauestens pro Quadratzentimeter Flugzeugfläche berechnet.

Die endgültige Kabineneinrichtung wird bei allen Airlines bis zur eigenen Indienststellung als »Staatsgeheimnis« betrachtet. Deshalb kriegen die Airlines in Toulouse auch keine endgültigen Kabinen ihrer Mitbewerber zu Gesicht, sondern nur Varianten allgemeiner Vorführmodelle. Im Untergeschoß der Mock-up-Halle ist eine Art Ausstellung aufgebaut, wo man anhand verschiedener Sessel unterschiedlicher Hersteller eine eigene Auswahl treffen kann. Ein zweites Mockup zeigt mehrere voll eingerichtete Kabinenvarianten mit Ecomomy, Economy Plus und Business Class-Sitzen. Auf manchen Sesseln müssen sich zwei benachbarte Passagiere eine Armlehne teilen, andere Plätze bieten Doppellehnen für Sitznachbarn. Auch die genaue Gangbreite können sich die Airlines aussuchen. Wenn viel Service mit mehrgängigem Essen und zollfreiem Warenverkauf geboten werden soll, bietet sich ein etwas breiterer Gang an. Wenn eine Airline überwiegend Nachtflüge plant, kann ein etwas schmalerer Gang genügen, für den die Schlafsitze mit Armlehne »einen Tick« breiter ausfallen können. Auch die Farben und Oberflächengestaltung kann man im Mockup aussuchen. Airbus hat hier zur Anschauung Pastelltöne und geschwungene Formen verwendet. Die gesamte Kabine ist wie eine dreidimensionale Filmkulisse bis ins Detail gestaltet und macht, auch »auf den billigen Plätzen« einen sehr eleganten Eindruck. Weil sich wohl jeder Fluggast auf einem Langstreckenflug mal die Füße vertreten möchte, sieht der Hersteller in den Türbereichen unterschiedliche Aufenthaltszonen vor: Entweder befinden sich hier Toiletten oder Küchen mit kleinen Barbereichen oder »Lounges«. Hier könnte man sich während des Fluges ein kleines Getränk besorgen oder sich unterhalten, ohne die schlafenden Sitznachbarn zu stören. Ebenfalls ließen sich hier telefonzellenartige Bürokabinen einbauen, falls Gäste ungestört arbeiten und telefonieren möchten. Die Ausstattung jedes einzelnen Sitzes mit einem Bildschirm des Unterhaltungssystems ist möglich. Je nach Wunsch der Airline kann man auch die technische Ausrüstung zum Surfen im Internet während des Fluges installieren. Das Airbus-Haussystem stammt von Tenzing aber auch andere Systeme kann man an Bord der A380 installieren. Die unendlichen Kombinationsmöglichkeiten der elektronischen Kabinenausstattung sind mittlerweile zum Problem für Airbus geworden. Denn für fast jeden Kunden muss extra eine eigene Verkabelung entworfen und installiert werden. Anschließend müssen die komplexen Schaltpläne in Bauanweisungen für die Werke übersetzt werden.

Eine originalgroße Kabine der neuen »First Class Suites« in der Toulouser Airbus-Modellhalle. Hier suchen sich die Airlines jene Ausstattungsmerkmale aus, die ihre eigenen Flugzeuge später erhalten sollen.

Charles Champion, seinerzeit A380-Programmchef und 2005 neu ernannter Airbus Chief Operating Officer, räumte im August 2005 ein: »Wir haben uns mit dem Arbeitsaufwand für die Verkabelung verschätzt. Das Ausmaß der individuellen Kundensonderwünsche hat uns überrascht. Jetzt müssen wir die Verkabelungen mit allen Kabelbäumen für viele unterschiedliche Kundenausführungen parallel erstellen. Emirates erhält sogar zwei Varianten. Das betrifft jeweils nicht nur die Kabel, sondern auch ihre Befestigung und deshalb auch die Struktur. Wir hatten deshalb am Anfang Sektionen ohne komplette Systemausrüstung für die Kabine in der Endmontage.« Um den Flaschenhals Verkabelung zu entschärfen, hat Champion an – nicht immer pünktliche – Fremdfirmen ausgelagerte Ingenieurleistungen zurückgeholt und mehrere hundert zusätzliche Mitarbeiter eingestellt. Zusätzliche Teams in der Endmontage sollen den Rückstand allmählich aufholen. Champion fügt hinzu: »Wir werden auch die spätere Serienproduktion steiler hochfahren.« Obwohl er die A380-800 als »Top-Priorität« bei Airbus bezeichnet, erwartet er eine Normalisierung erst zwischen den Werknummern 30 bis 40.

Neben den Passagieren müssen bei Langstreckenflügen auch Ruheräume für die Besatzung bereit stehen. Für Ruheräume der Flugbegleiter kommt vor allem das hintere Oberdeck in Frage. Hier, kurz vor dem Druckschott kann man alternativ auch einen Barbereich für die Economy Class installieren und die Schlafkabinen eine Etage tiefer ins Hauptdeck verlegen, wofür sich Emirates entschieden hat. Technisch ist es auch möglich, im Unterdeck Schlafkabinen für die Crew zu installieren, die von Singapore Airlines gewählte Option. Jedoch geht dadurch etwas Frachtraumvolumen verloren. Und die A380 soll ja neben dem Reisegepäck ihrer beiden Passagierdecks mög-

Die »Honeymoon Suite« von Singapore Airlines. Durch Herabsenken der Trennwände entsteht auf beiderseitigen Wunsch ein großes Doppelbett.

Eine Suite der First Class im vorderen Oberdeck bei Emirates. Auf dem riesigen Fernseher laufen 1100 Programme. Der leuchtende Deckel gehört zu einem Kosmetikfach. Auf Knopfdruck verwandelt sich der Sessel in ein großes Bett.

Für Tests der Klimaanlage nahmen diese Test-Dummies in der Economy Class Platz. Sie erzeugen die Wärme einer vollbesetzten Kabine.

lichst auch noch lukrative Luftfracht in LD3-Containern im Unterdeck befördern.

Fast schon eine kleine Wohnung haben die Piloten: Hinter dem eigentlichen Cockpit befinden sich zwei vom Passagierbereich abgetrennte Schlafkabinen, jeweils mit Bett und Sessel, und eine eigene kleine Crew-Toilette.

Im Oberdeck ist seitlich der breiten Treppe noch Platz für zwei Sofas, auf denen die Oberdeckpassagiere sich zu einem Plausch treffen können. Wo die Airlines die einzelnen Buchungsklassen unterbringen, ist noch nicht offiziell bekannt. Einiges spricht dafür, dass typischerweise das Oberdeck vorne mit der First Class und dahinter mit der Business Class bestuhlt wird, während unten die Economy-Gäste sitzen. Auf neu errichteten Flughäfen kann man dadurch sogar die Abfertigung im Gebäude doppelstöckig fortsetzen und »oben« andere Geschäfte und Gastronomie vorsehen, als für den preiswerteren Geschmack der Economy-Passagiere »unten«.

Das Oberdeck verfügt durch seine schrägen Wände ebenfalls über ein markantes Erkennungsmerkmal. Unterhalb dieser Dachschräge entlang der Fenster hat Airbus zusätzliche Handgepäckschränke installiert, in denen man zum Beispiel Zeitschriften oder Laptops unterbringen kann. Eine typische Business-Class-Bestuhlung im Unterdeck sieht acht Sessel pro Reihe vor. Ins schmalere Oberdeck passen dagegen sechs Business-Sessel nebeneinander. Die endgültige Ausführung der Kabine ist letztlich eine Frage der Airlines und ihrer Verkaufskonzepte. Statt der von manchen erträumten »Kegelbahnen« oder »Fitnessstudios« wird die A380 wohl ganz überwiegend eher mit Sitzen für zahlende Passagiere gefüllt werden, denn für die Airlines ist ein Flugzeug ein Werkzeug, um damit Geld zu verdienen. Deshalb steht die unbedingte Zuverlässigkeit im Betrieb ganz oben auf ihrer Wunschliste. Was nützt eine Luxuskabine, in der es zieht, was nützen beworbene Komfortmerkmale, wie Schlafsessel, die vielleicht wegen eines Stromausfalls nicht benutzt werden können?

Um vor jeglichen Überraschungen mit der Kabinenausstattung gefeit zu sein, hat Airbus in Hamburg, wo ja auch die komplette Innenausstattung und Lackierung aller Serienflugzeuge stattfindet, ein eigenes »Kompetenzzentrum Kabine« eingerichtet. Im so ge-

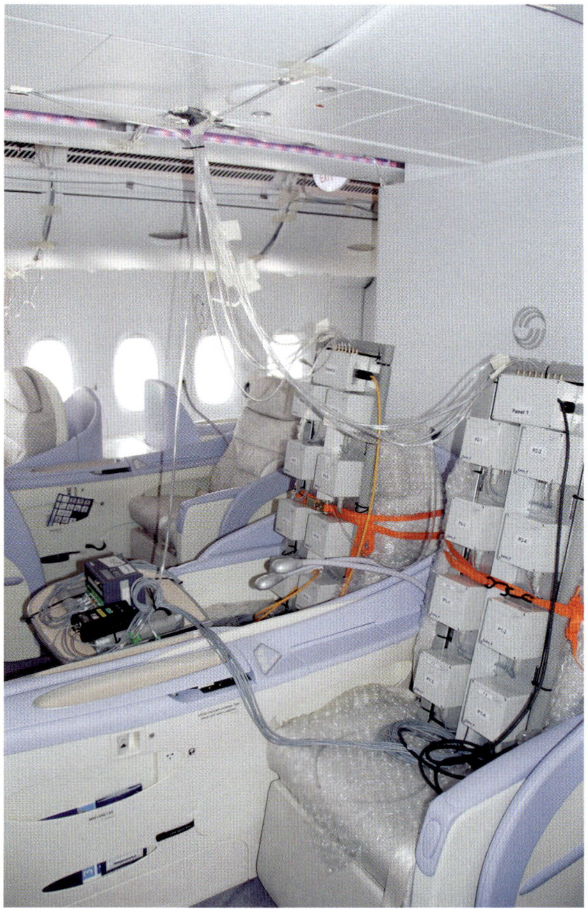

Für Klimamessungen in der Kabine wurden zwei Sitze der Economy Class mit elektrischen Widerständen ausgerüstet. Sie geben die Wärme von Passagieren ab.

nannten »Cabin 0 Test Center«, es ist für Besucher tabu, werden analog zu »Aircraft 0« in Toulouse alle technischen Funktionen, die so genannten Makro-Funktionen der Kabine, überprüft. Dazu gehört ein riesiger Teststand in Originalgröße, der das Toiletten- und Wassersystem einer kompletten A380 nachbildet. Alle Rohrleitungen sind aus Plexiglas, damit man eventuelle Verstopfungsgefahren an Kurven oder Knicks sofort erkennt. Und gespült wird hier mit sauberer Labormasse unterschiedlicher Konsistenz.

In der Klimakammer auf der anderen Hallenseite wird das Temperaturgefälle im Reiseflug simuliert: Friert der Passagier in der Fensterreihe durch Strahlungskälte, wenn die Außenhaut des Flugzeugs, zwanzig Zentimeter neben ihm, im Reiseflug auf minus 50 Grad Celsius abkühlt? Mehrere mit Sensoren bestückte Test-Dummies geben den Ingenieuren darüber Auskunft. Außerdem geht es um die mechanische Türfunktion bei Frostbedingungen und um die Bildung von Kondensfeuchtigkeit. Im nächsten Testraum ist eine Versuchsklimaanlage installiert. Sie lässt ihre Heiz- und Frischluft wie im echten Flugzeug von der Decke in eine Kabinenattrappe strömen. Sogar die Passagiere sind in Form von Schaufensterpuppen simuliert, die, da beheizt, eine Körpertemperatur von 37 Grad abstrahlen. Mit Bühnennebel kann man hier die Luftströmung optisch sichtbar machen und noch rechtzeitig erkennen, ob es im späteren Flugzeug an manchen Plätzen ziehen würde. Eine Etage unter der Klimakammer ist übrigens ein original getreues Rohrleitungssystem der A380 mit Mixer für Warm- und Kaltluft installiert, mitsamt einer echten funktionsfähigen Hilfsturbine im Nachbarsaal und einem Zapfluftsystem.

Falls man das Verhalten der Kabine im Steig- oder Sinkflug untersuchen möchte, und etwa die Frage, ob sich vielleicht Gepäckfächer unbeabsichtigt öffnen, so wird man ebenfalls in Hamburg fündig: Wie ein Full-Flight-Simulator für Piloten wurde ein komplettes doppelstöckiges Rumpfsegment auf hydraulisch beweglichen Stelzen montiert. Es kann in beliebige Richtungen kippen.

Auch die Elektronik muss ausgereift sein, wenn sie zuverlässig im harten Airline-Alltag funktionieren soll. Was passiert, wenn 555 Passagiere nach dem Start gleichzeitig an allen Knöpfen ihres Bordunterhaltungssystems herumspielen und den Steuerungscomputer überlasten? Im Bereich »Cabin Electronics« ist die

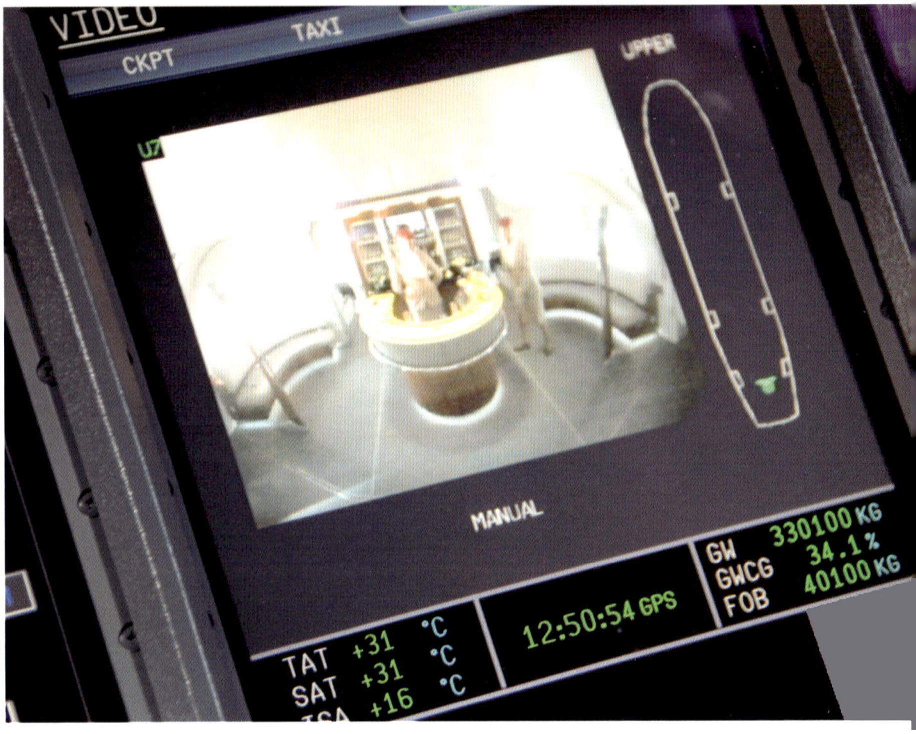

Aus Sicherheitsgründen können die Piloten das Geschehen in der Kabine auf Knopfdruck per Kamera überwachen. Hier wird der Barbereich im hinteren Oberdeck gezeigt.

komplette Geräteausstattung aufgebaut, die von einem eigenen Computer mit hunderten virtuellen Passagiereingaben zugleich bombardiert wird. »Kabine Null« ist beileibe keine etwaige »Spielwiese« für hoch qualifizierte Entwicklungsingenieure, sondern erfüllt konkrete Aufgaben: Dank virtueller Testflüge waren die Kabinenfunktionen schon vor dem ersten echten Flug von MSN002 mit Kabine weitgehend optimiert. Dabei wurden zunächst die Kabinenbedingungen des echten Erstfluges mit kleiner Besatzung und Ballast an Bord simuliert, dann typische Betriebszustände mit Passagieren und schließlich Störungsszenarien bei Systemausfällen. Als Beitrag für die »Early Long Flights«, also die ersten Passagierflüge mit Werksangehörigen, wird auch das Passagierverhalten an Bord mit Versuchspersonen simuliert. Als Krönung werden Flüge mit voller Besatzung, Flugdauer und Passagierzahl absolviert.

Auch die größte Bewährungsprobe der Kabine stand der A380 in Hamburg bevor: Für die Zulassung war es vorgeschrieben, dass das gesamte Flugzeug einen Evakuierungstest mit der höchstmöglichen Passagierzahl und Besatzung absolviert. Dabei ging es um die extrem hohe Zahl von 853 Passagieren. Hinzu kamen noch 18 Flugbegleiter und eine doppelte Cock-

So könnte eine A380 als Luxus-Privatjet aussehen: Im Oberdeck befinden sich Schlaf- und Wohnzimmer, im Hauptdeck bleibt noch viel Platz für mitreisende Delegationen und Bedienstete.

Die Treppe zum Oberdeck der A380. Der Raumteiler oben soll verhindern, dass Passagiere bei Turbulenzen herabfallen können.

pitbesatzung, insgesamt 873 Personen. Diese mussten gemäß der europäischen und amerikanischen Zulassungsordnung JAR/FAR §25.803 binnen 90 Sekunden aus beiden Decks einer echten A380 über Notrutschen evakuiert werden. Und das durch die Hälfte der verfügbaren 16 Ausgänge.

Damit nun nicht etwa junge Leistungssportler völlig unrealistische Rekordzeiten aufstellen, ist sowohl der Altersdurchschnitt, als auch die Geschlechterverteilung genau vorgeschrieben. Mindestens 40 Prozent der Passagiere müssen weiblich sein, mindestens 35 Prozent über 50 Jahre alt und mindestens 15 Prozent weiblich und über 50 Jahre alt. Alle Flugbegleiter müssen tatsächliche Flugbegleiter aus dem Linienbetrieb sein. Außerdem werden Kleinkinder durch Puppen dargestellt sowie »Kranke« durch künstliche Gipsbeine. Die abgedunkelte Kabine wird zudem durch in den Gängen verteilte Gepäckstücke, Decken und Zeitungen wie bei einem echten Notfall dekoriert und ist deshalb entsprechend schwerer zu verlassen. Um die Notrutschen möglichst in der für sie ungünstigsten Kombination zu testen, werden auf einer Seite alle Notrutschen ausgelöst. Damit die Testteilnehmer nicht schon vorher erfahren, durch welche Seite sie aussteigen werden, betreten sie das Flugzeug durch einen Tunnel im Dunkeln. Für den Versuch, der im Hamburger Lackierhangar stattfand, wurde extra eine besonders enge Bestuhlung nur für den Test eingebaut. Die vierte fliegende A380, MSN007, reiste dazu an die Elbe.

Aus dem Hauptdeck wurden 538 Passagiere, 11 Flugbegleiter und zwei Mitglieder der Cockpitbesatzung über fünf zweispurige Notrutschen, davon eine über dem Flügel, evakuiert. Aus dem Oberdeck mussten gleichzeitig 315 Passagiere und sieben Flugbegleiter. Obwohl sich während der Test-Evakuierung eine Art »echte« Panik mit aller Eigendynamik entwickeln kann, zögerten die Passagiere beim Sprung in die drei doppelspurigen Oberdecknotrutschen aus fast zehn Metern Höhe vor Schreck nicht. Evakuierungstests sind nicht ganz ungefährlich. Deswegen sind als einzige Konzession an die Sicherheit kleine Randleuchten auf den Notrutschen gestattet. Bei der Evakuierung am 26. März 2006 gelang es, 873 Insassen, davon 853 Passagiere, binnen 78 Sekunden, statt zugelassener 90 Sekunden, aus der Hälfte der Notausgänge zu evakuieren. Ein Passagier zog sich dabei einen Oberschenkelhalsbruch zu, 32 weitere verletzten sich leicht. Die A380 bewies aber, dass sie sich in einem Notfall trotz der großen Passagierzahl schnell und sicher evakuieren lässt.

Nach dem bestandenen Evakuierungstest in Hamburg. 873 Personen verließen die A380 in einer abgedunkelten Halle über die Notrutschen der rechten Rumpfseite. Der Sprung aus den Oberdecktüren erfordert besonderen Mut.

Neue Materialien machten den Riesen erst möglich

High-Tech im Detail

Eurocopter baut die Türen für die A380 aus Kohlefaser-Verbundwerkstoff.

Die Masse eines Flugzeuges ist ein entscheidender Faktor für die Kosten im Flugbetrieb. Jedes überflüssige Kilogramm kostet die Fluggesellschaften, die das Flugzeug betreiben, im Laufe des Flugzeuglebens Tausende von Euro. Die Kosten entstehen einerseits durch Treibstoff, der zusätzlich verbrannt wird, weil die überflüssige Masse bewegt werden muss, andererseits entgehen der Fluggesellschaft Einnahmen, weil anstelle der zusätzliche Pfunde sinnvolle Nutzlast hätte mitgenommen werden können. Gewichtseinsparungsprogramme gehören deshalb genauso zur Entwicklung eines Verkehrsflugzeuges wie Windkanaltests. Für die Ingenieure ist es immer eine Herausforderung, die Konstruktion optimal auf den Punkt zu bringen. Zu leicht, zu schwer, zu fest, zu teuer, sind Eigenschaften, die bei Flugzeugkonstruktionen nicht auftreten dürfen. Flugzeugbau ist zwar Leichtbau, aber die Konstrukteure nähern sich dem optimalen Design immer von der sicheren Seite mit Reserven an, denn die Sicherheit eines neuen Flugzeuges hat immer oberste Priorität.

Flugzeuge werden mit steigender Sitzplatzzahl und mit steigender Größe nicht automatisch leichter, ganz im Gegenteil, sie werden pro Sitzplatz schwerer! Ein typisches Ultraleichtflugzeug für zwei Insassen bringt eine Leermasse von rund 300 Kilogramm auf die Waage. Pro Insasse wiegt es leer also 150 Kilogramm. Ein typisches Reiseflugzeug aus der Allgemeinen Luftfahrt, eine Cessna 182 mit vier Sitzplätzen, bringt es auf ein Leergewicht von 200 Kilogramm pro Sitzplatz, während ein Airbus A320 mit einer Leermasse von 42 175 Kilogramm und 150 Sitzen pro Sitz auf 281 Kilogramm Masse erreicht Eine Boeing 747-400 hat eine typische Betriebsleermasse (Operating Empty Weight/OEW) von 180 530 Kilogramm, das ergibt bei einer typischen Bestuhlung mit 412 Passagieren eine Flugzeugmasse von rund 438 Kilogramm pro Passagier. Dieser parallel zur Sitzplatzzahl verlaufende Massezuwachs musste bei der A380 durchbrochen werden, was eine große Herausforderung darstellte. Die angestrebte Leermasse von 240 Tonnen – und damit eine Masse von 432 Kilogramm pro Passagier – war nur mit Hilfe des Einsatzes von modernsten Werkstoffen möglich.

Die Entwicklung dieser Werkstoffe ist Grundlagenforschung, die Jahre dauert und lange vor Beginn einer Flugzeugentwicklung abgeschlossen sein muss, denn wenn ein neuer Werkstoff in einem Flugzeug verwendet wird, muss er seine Zuverlässigkeit bereits unter Beweis gestellt haben. Die Konstrukteure eines neuen Flugzeuges beobachten deswegen sehr genau, welche neuen Materialien in der Entwicklung stehen und was sie leisten können. Die Hochtechnologie, die hinter den Werkstoffen steht, ist unspektakulär und verschwindet beim Flugzeug unter dem Lack. Dabei steht und fällt der Erfolg eines jeden Flugzeugprojektes mit der Wahl der richtigen Werkstoffe. Kein Pilot würde ein Ultraleichtflugzeug akzeptieren, das eine Sitzplatzmasse wie eine Cessna 182 oder gar eines Jumbos aufweisen würde. Gleichzeitig würde keine Fluggesellschaft einen Airliner akzeptieren, dessen Werkstoffe ihre Zuverlässigkeit nicht in Hunderten von Tests nachgewiesen haben.

Deshalb spielt die Materialwahl und die Mischung der Materialien bei der Konstruktion eines Flugzeuges eine entscheidende Rolle. Der Materialmix muss optimal gelingen, sonst wird das Flugzeug zu schwer oder es wird unter Umständen zu teuer. Beide Fehler kann sich ein Hersteller nicht leisten. Nicht nur aus diesem Grund achten die potenziellen Kunden schon in der Entstehungsphase penibelst auf die Masse eines Flugzeugs und setzen den Hersteller unter Druck. Bei der Materialwahl der A380 waren die potenziellen Kunden häufig in die Entscheidung eingebunden. Ein Desaster wie bei Indienststellung der McDonnell Douglas MD-11 im Jahr 1990, ist heute für einen Hersteller undenkbar. Der Dreistrahler war zunächst zu schwer und erreichte die garantierte Reichweite nicht. American Airlines und Swissair waren alles andere als zufrieden mit den Maschinen. Die Reichweite lag rund vier Prozent unter den angestrebten Werten. Die Swissair legte auf der prestigeträchtigen Route zwischen Peking und Zürich mit der MD-11 hin und wieder zwangsweise Tankstopps in der Türkei ein, was weder bei den Passagieren noch von der Swissair-Führung mit Begeisterung aufgenommen wurde. Nonstop wäre die MD-11 bei entsprechendem Gegenwind nie nach Zürich gekommen. Erst mit einem Abspeckprogramm, einer Erhöhung der Triebwerksleistung und einem Programm zur Verbesserung der Aerodynamik vor allem im Bereich der Triebwerksverkleidungen verschaffte McDonnell Douglas dem Flugzeug die gewünschten Leistungen. Das war jedoch zu spät, der Ruf der MD-11 war ruiniert und stellte einen weiteren Mosaikstein in dem Gesamtbild dar, das letztendlich zum Verkauf des ganzen Unternehmens an den Konkurrenten Boeing führte.

Ein Flugzeugprogramm wie das des Airbus A380 bietet einem Hersteller die Möglichkeit, die neuesten verfügbaren Materialien einzusetzen und seinen Materialmix zu optimieren. Neben herkömmlichem Flug-

Das Radom muss aus Kunststoff gefertigt sein, um für die Strahlen des Wetterradars in der Flugzeugnase durchlässig zu sein.

Der Flügelkasten hat gewaltige Dimensionen. Der Flügelmittelkasten im Rumpf besteht nur aus CFK.

zeugaluminium verschiedener Qualitätsstufen besteht ein modernes Flugzeug wie der Airbus A380 aus Hunderten von verschiedenen Materialien. Bei der A380 sind die modernsten zum Einsatz gekommen: Aluminium-Lithium, Titan, Kohlefaser, Glasfaser, Kupfer, Stahl, selbst in Harz getränktes Papier zählt zu den Stoffen, aus denen eine A380 besteht. »Wir haben jeweils das beste Material für jede Anwendung gewählt«, sagte Gérard Blanc, der während der A380-Entwicklung als Executive Vice President Programmes verantwortlich war. Aluminium hat auch bei der A380 den höchsten Anteil am Strukturgewicht, nämlich 61 Prozent. Faserverbundwerkstoffe erreichen einen Anteil von 22 Prozent, während zehn Prozent der Flugzeugleermasse aus Stahl und Titan bestehen. Airbus hat ausgerechnet, dass die A380 dank der Verwendung von Faserverbundwerkstoffen und modernsten Metalllegierungen zwischen zehn und 15 Tonnen leichter ist als wenn sie mit weniger innovativen Materialien konstruiert worden wäre.

Gewicht ist bei der Materialwahl aber nur einer von mehreren Faktoren. Die Kosten eines Materials spielen ebenso eine Rolle. Airbus hätte sich selbst ein Bein gestellt, wenn die Firma ausschließlich auf leichte, aber teure Materialien gesetzt hätte. Selbst das leichteste Flugzeug am Markt würde sich nicht verkaufen lassen, wenn es doppelt so teuer wäre wie sein Wettbewerber. Die Verkaufspreise für Flugzeuge werden nicht von den Produktionskosten bestimmt, sondern von den Marktgegebenheiten und der Wettbewerbssituation. Wenn der Preis für ein Flugzeug keinen Gewinn ermöglicht, müssen die Kosten bei der Herstellung gesenkt werden. Der Flugzeugpreis ist eine Schraube, an der man nur drehen kann, wenn man in einem Segment eine monopolartige Position hat, so wie das bei Boeing über lange Jahre mit der Boeing 747 der Fall war.

Ein weiterer, nicht zu vernachlässigender Faktor bei der Auswahl des Materials ist die Zuverlässigkeit und seine Reparierbarkeit. In diesem Punkt kennen weder die Fluggesellschaften noch die Konstrukteure Pardon: Ein Material, das seine Zuverlässigkeit nicht unter Beweis gestellt hat, kommt im Flugzeugbau nicht zum Einsatz, egal, wie leicht und günstig es auch sein mag. Wenn ein Teil aus einem leichten Material nur mit hohem Aufwand zu reparieren ist, weil das Teil für die Reparatur zum Beispiel aufwändig ausgebaut werden muss, hat es ebenfalls keine Chance. Wie hoch die Wartungskosten eines Flugzeuges während seiner gesamten Lebensdauer sind, entscheidet sich bereits bei der Materialwahl und der Konstruktion. Die Abwägung zwischen verschiedenen Materialien ist nicht einfach und führt fast immer zu Kompromissen. »Das richtige Material an der richtigen Stelle«, ist mehr als ein Slogan. Diese Aussage beschreibt ein Aufgabe der Ingenieure, die mit darüber entscheidet, ob ein Flugzeug ein Bestseller oder ein Flop wird.

Traditionell sind die Seitenleitwerke bei Airbus aus Kohlefaserverbundwerkstoff (CfK). Dieser Kunststoff vereint die vorteilhaften Eigenschaften von geringem Gewicht und hoher Festigkeit miteinander. So ist er je nach Belastung bis zu sechsmal stärker als Stahl, weist aber nur ein Sechstel dessen Masse auf. Er hat aber auch einen Nachteil: Er ist teuer und hat eine relativ lange Produktionszeit. Je komplizierter die Teileform, desto teurer wird das Teil. Einen weiteren Minuspunkt handelt sich Kohlefaserverbundwerkstoff bei Beschädigungen ein: Von außen ist einem CfK-Bauteil nach einer Beschädigung nicht immer sofort anzusehen, wie stark es beschädigt wurde. Unter Umständen können einzelne Schichten delaminiert sein, ohne dass es von außen zu erkennen ist. Airbus hat deshalb in der Vergangenheit Kohlefaser entweder in Sekundärstrukturen wie Klappen und Abdeckungen oder an Teilen eingesetzt, die im normalen Flughafenbetrieb keiner Beschädigungsgefahr durch Vorfeldfahrzeuge ausgesetzt sind.

Beim Airbus A380 besteht nicht nur das 14 Meter hohe und 3500 Kilogramm schwere Seitenleitwerk aus Kohlefaser, sondern auch die Höhenleitwerke und unter anderem der hoch belastete, hintere Druckdom, der die Druckkabine nach hinten abschließt. Mit diesem Bauteil aus Kohlefaser ist den Ingenieuren ein Meisterstück gelungen, denn es wiegt nur 250 Kilogramm, obwohl es einen Durchmesser von 6,20 Meter hat und im Flugbetrieb dem enormen Druckunterschied zwischen Außenluft und Kabinendruck standhalten muss. Es wird im Airbus-Werk in Stade gefertigt.

Zum ersten Mal in der Geschichte des Verkehrsflugzeugbaus verfügt mit der A380 ein Airliner über einen zentralen Flügelkasten aus CfK, oder auf englisch ausgedrückt: Carbonfibre-Reinforced Plastics (CFRP). Dieses Bauteil sitzt am Kreuzungspunkt zwischen Tragflügel und Rumpf und muss enorme Kräfte aufnehmen. Es wiegt rund 8800 Kilogramm, 60,22 Prozent seiner Masse (5300 Kilogramm) sind Composites. An den am stärksten belasteten Stellen türmt sich die Materialstärke des CfK auf 4,5 Zentimeter auf. In dieser Stärke ist CfK noch nicht im Flugzeugbau verwendet worden. Bei den Tragflächen des Turboprop-Flugzeuges ATR7 72, bei denen ebenfalls CfK verwendet wird, beträgt die maximale CfK-Materialstärke lediglich einen Zentimeter.

Wäre der 7,80 Meter breite, 7,00 Meter tiefe und 4,00 Meter hohe Flügelkasten wie bei anderen Flugzeugen aus Metall gebaut worden, wäre er rund 1,5 Tonnen schwerer geraten. Airbus Frankreich produziert dieses Bauteil im Werk in Nantes. Am 19. August 2003 war der erste Flügelkasten fertig. Gérard Blanc sagte damals stolz: »Dies ist ein Meilenstein und ein Schaustück für die Industrie.« Von Nantes transportieren LKW das Bauteil ins benachbarte Saint Nazaire an der Atlantikküste, wo es mit den Rumpfunterschalen und Oberschalen zur mittleren Rumpfsektion zusammengefügt wird.

Das erste Teil aus Kohlefaser-Verbundwerkstoff, das bei GKN Aerospace gefertigt wurde.

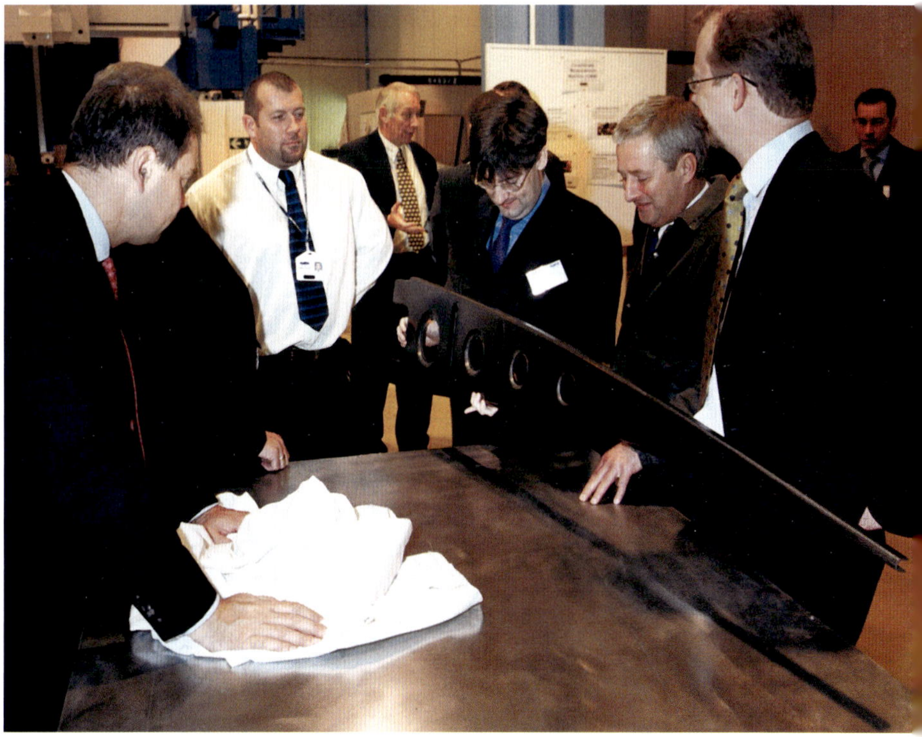

»Recyclable by design« – sinngemäß etwa »wiederverwertbar konstruiert« stand auf dem Rumpf der A380, die auf der Farnborough Airshow 2008 dem Publikum präsentiert wurde.

Die Konstruktion und die Fertigung der Höhenleitwerke, deren Leitwerkskästen ebenfalls aus CfK bestehen, liegt in der Verantwortung des spanischen Airbus-Werkes in Getafe bei Madrid. Das Höhenleitwerk hat eine Spannweite, die annähernd an die einer A318/A319 reicht. Die Flügelfläche ist aber um 68 Prozent größer als die Flügelfläche einer A320! Damit erschöpft sich der Einsatz von Kohlefaser noch lange nicht. Aus Kohlefaser bestehen auch die Querträger des Fußbodens des Oberdecks. Sie werden in Japan bei JAMCO gefertigt und in den Airbus-Werken Hamburg und Nantes in die Rumpfsektionen integriert.

Mit der Boeing 787 Dreamliner setzt Boeing noch konsequenter als Airbus bei der A380 auf Faserverbundwerkstoffe. Der neue Zweistrahler aus Seattle wird komplett aus Verbundwerkstoffen hergestellt.

GLARE ist ein völlig neues Verbundmaterial, das bei der A380 zum ersten Mal in großem Stil im Flugzeugbau eingesetzt wird. Das Material besteht aus mehreren Schichten Aluminium, zwischen denen einzelne, harzgetränkte Glasfaserschichten eingearbeitet sind. GLARE (Glasfibre Reinforced Aluminium) wurde an der Universität Delft erfunden und wird in den Niederlanden von Stork Aerospace sowie von Airbus im Werk in Nordenham hergestellt. GLARE hat eine um rund zehn Prozent geringere Materialdichte als Aluminium, ist aber leichter, widerstandfähiger gegen Korrosion und kann die Ausdehnung von Rissen besser verhindern. Mögliche Korrosion kann nur bis zur ersten Glasfaserschicht eindringen und wird dort gestoppt. Außerdem ist GLARE ebenso einfach zu reparieren wie Aluminium. Diese Eigenschaften machen es zu einem fast idealen Material für die oberen Rumpfschalen des A380, die ständig durch die Bedruckung des Rumpfes beim Fliegen belastet werden. GLARE macht rund drei Prozent des Flugzeugstrukturgewichts bei den Passagier-A380 aus. Nach Angaben von Stork Aerospace verwendet Airbus 480 Quadratmeter GLARE pro A380 für die oberen Rumpfschalen und rund 20 Quadratmeter beim Höhen- und Seitenleitwerk. Wäre an Stelle von GLARE Aluminium zum Einsatz gekommen, wäre das Flugzeug allein dadurch rund 800 Kilogramm schwerer geworden.

Die Konstrukteure bevorzugten Faserverbundwerkstoffe unter anderem ebenfalls bei der Verkleidung des Rumpf-Flügel-Übergangs, bei den Abdeckungen der Fahrwerksschächte, beim Radom, hinter dem das Wetterradar versteckt ist, bei Teilen der Inneneinrichtung und an anderen Stellen, wo sie ihre Stärken optimal ausspielen können.

Fortron PPS ist ein weiterer innovativer Werkstoff, den die Konstrukteure für die A380 ausgewählt haben. Er ist ein thermoplastischer Kunststoff (Polyphenylensulfid), der sehr widerstandsfähig gegenüber Hitze und Chemikalien ist. Außerdem ist er sehr tolerant gegenüber mechanischen Belastungen. Rund 1000 Einzelteile des Airbus A380 bestehen aus Fortron PPS, der von der Ticona, einer Tochterfirma der Celanese AG hergestellt wird. Darunter sind kleine wie die Abdeckung der Armstützen der Passagiersitze, aber auch große wie die starren Flügelvorderkanten. Der Hochleistungskunststoff kostet zum Teil 30 Prozent weniger als die Metalle, die er ersetzt und bringt Gewichtseinsparungen von bis zu 50 Prozent.

Flugzeugmasse lässt sich nicht nur durch die Wahl des richtigen Materials einsparen. Auch die Verwendung von modernsten Produktionsverfahren hilft dem neuen Flugzeug, schlanker zu werden. Das Laserschweißen (Laser Beam Welding/LBW) ist ein solches neues Verfahren. Airbus führte es in Hamburg bei dem kleinsten Airbus-Muster, der A318, 2001 erstmalig ein. Bei der A380 befestigt Airbus die Längsversteifungen (Stringer) an den unteren Rumpfschalen mit Hilfe des Laserschweißens. Im Vergleich zum traditionellen Nietverfahren spart das Unternehmen 90 Prozent Zeit und eine Menge Gewicht ein, denn die Niete entfallen, die früher zum Teil manuell gesetzt wurden. Da Laserschweißen ein automatisiertes Fertigungsverfahren ist, besticht es neben einer hohen wiederholbaren Präzision auch durch seine Geschwindigkeit: Pro Minute schafft es der Laserschweißautomat, acht Meter Stringer mit den Rumpfhautfeldern zu verbinden. Das so entstandene Bauteil ist weniger anfällig gegen Korrosion, denn zwischen Stringer und Rumpfschale kann keine Feuchtigkeit mehr gelangen. Außerdem ist es fester und weist keine Ermüdungsrisse auf, die bei genieteten Teilen entstehen können.

Egal, wie gut ein Flugzeug gelungen ist, der Kampf der Ingenieure gegen das Gewicht, ist ein immerwährender Kampf, der auch nach Beginn der Serienproduktion nicht aufhört. Auch für Flugzeuge ist es gut, nicht zu viel Speck auf den Rippen zu haben.

Das Leitwerk der A380 ist das weltweit größte Kohlefaser-Leitwerk bei einem Luftfahrzeug.

Einmal Toulouse und zurück

Die Produktion der A380

Die Garonne führt oft Hochwasser. Damit die hoch beladenen Rumpffähren trotzdem durch die historischen Brücken in Bordeaux passen, können die Spezialschiffe eigene Ballastkammern fluten und sich jeweils »ducken«.

Das Mammutprojekt A380 wird mit Hilfe eins weltweiten Netzwerks aus Zulieferern, industriellen Partnern und bei EADS und in den Airbus-Werken bewältigt. 3,75 Milliarden Euro wurden in die industrielle Infrastruktur investiert. Dazu gehört die riesige neue Jean-Luc-Lagardère-Endmontagehalle in Toulouse aber auch die größten Hallen des Vereinigten Königreiches im walisischen Broughton für die Produktion der Flügel und natürlich das wesentlich erweiterte Werksgelände in Hamburg-Finkenwerder. Ein großer Teil der A380 kommt sogar aus einem Land, das bei Airbus gar nicht als offizieller Partner mitarbeitet, nämlich aus den USA. Weil amerikanische Zulieferer besonders für die kostspielige Avionik und Elektronik verantwortlich sind und die USA an der optionalen Triebwerksversion der Engine Alliance beteiligt sind, kommt ein Wertanteil zusammen, der bei bis zu 50 Prozent des Flugzeugs liegt.

Airbus arbeitet weltweit mit 120 großen Zulieferern bei der A380 zusammen. Dazu wurden rund 200 Lieferverträge geschlossen. Um alle Lieferanten auf dem aktuellsten Informationsstand zu halten, nutzt Airbus ein Datennetz mit einem so genannten »Digitalen Mock-up« der A380. Dieses virtuelle Flugzeug kann von allen Beteiligten eingesehen werden und wird ständig nach dem neuesten Konstruktionsstand aktualisiert. Wenn der eine Ingenieur eine Wartungsluke einplanen möchte, kann er im digitalen Mock-up genau

Das erste A380-Seitenleitwerk reist per Beluga-Transporter nach Toulouse.

erkennen, ob ein Kollege vielleicht genau an dieser Stelle schon ein Kabel verlegt hat. Durch den gemeinsamen Zugriff auf eine digitale Datenbank verbessert man trotz weltweiter Verteilung der Partner die gegenseitige Information und beschleunigt die Entwicklungsphase. Nicht zu vergessen sind dabei die zahlreichen mittelständischen Zulieferer mit ihren Beschäftigten. Sie steuern von der Sauerstoffmaske bis zum Flugzeugsessel hoch entwickelte Teile bei, ohne die auch eine A380 nicht Wirklichkeit hätte werden können.

Nur wenn alle Einzelteile zur rechten Zeit am rechten Ort sind, klappt die Herkulesaufgabe A380-Produktion. Deswegen ist die Herstellung des Airbus-Riesen auch eine logistische Meisterleistung. Jeder einzelne Airbus-Partner, also Deutschland, Frankreich, England und Spanien möchte möglichst große Fertigungsanteile in seinen eigenen Werken mit seinen eigenen der 53 000 Airbus-Mitarbeiter herstellen. Deswegen entstehen schon bei den bisherigen Airbus-Flugzeugmustern sehr große Segmente, die, bereits komplett mit Elektrik, Rohrleitungen und Isolierung ausgerüstet, nur noch bei der Endmontage in Toulouse oder Hamburg zusammengefügt werden müssen. Zum Transport dieser Rumpfstücke und Flügel diente bisher eine eigene Flotte von Spezialflugzeugen, dem A300-600 Super Transporter mit dem Spitznamen »Beluga«. Doch die riesigen A380-Segmente sind, bis auf das Leitwerk, zu groß für den Lufttransport. Also musste Airbus für die A380 »das Rad noch einmal neu erfinden« und alternative Transportwege konzipieren. Im Ergebnis kam man auf eine Kombination aus Schiffs- und Straßentransport. Die Hauptrolle spielen dabei die in China und Singapur gebauten, 154 Meter langen Hochseefähren »Ville de Bordeaux« und »City of Hamburg« und ein drittes Schwesterschiff, dass 2009 vom Stapel läuft. Außerdem hilft ein System von Flussfähren, bis Lkw-Schwertransporter auf der Straße das letzte, 240 Kilometer lange Stück nach Toulouse übernehmen. Alle A380-Werksstandorte wurden extra so ausgewählt, dass sie möglichst per Schiff erreichbar sind. Nach dem Erstflug reist jede A380 schließlich aus eigener Kraft und im Flug nach Hamburg, um dort ihre sehr aufwändige Inneneinrichtung und die Lackierung zu erhalten.

Die wichtigsten A380-Produktionsstandorte in Frankreich, sind, neben der Endmontage und Unternehmenszentrale in Toulouse, Nantes, St. Nazaire und Méaulte. In Nantes werden in einer 10 000 Quadratmeter großen Werkhalle die mittleren Flügelkästen aus Kohlefaser produziert. Aus St. Nazaire stammen dagegen die doppelstöckigen mittleren Rumpfstücke,

die aus fünf einzelnen Segmenten zusammengefügt werden und anschließend mit den aus Nantes angelieferten Center-Wing-Boxes und den Fahrwerksschächten vereinigt werden. Das Werk in Méaulte fertigt dagegen Cockpits. Aus Gründen der besseren Zugänglichkeit stehen sie in der Produktionshalle übrigens mit der Bugspitze nach oben. Für die A380 wurde die Hallenfläche für die Rumpfmontage in Méaulte vervierfacht. Immer wenn Komponenten zusammengefügt werden, richtet man sie per Laservermessung zur Montage exakt aus. Wenn die Hochseefähre »Ville de Bordeaux« in St. Nazaire fest macht, kann sie bereits eine komplette mittlere Rumpfröhre, die so genannte Sektion 15 nach Toulouse mitnehmen. Ein zweites Segment besteht aus dem Cockpit, das mit der zuvor aus Hamburg angelieferten vorderen Rumpfsektion 13 zu einem kompletten Flugzeugbug verbunden wurde. In St. Nazaire werden alle Sektionen mit der gesamten darin vorinstallierten Hydraulik, Elektrik, Klimaanlage und Kraftstoffversorgung, funktionsüberprüft.

Die A380-Triebwerkspylone stammen aus Toulouse. Die dortige neue Endmontagehalle ist 490 Meter lang, 250 Meter breit und 46 Meter hoch. Sie steht auf dem neu errichteten Gelände »Aéroconstellation«, das 50 Hektar Grundfläche im Nordosten des Flughafens, gegenüber dem bisherigen Airbus-Werk umfasst. Die gewaltige Halle verfügt über zwei Hallenflügel und einen U-förmigen Grundriss. Sie besteht aus 32 000 Tonnen Stahl, das entspricht der vierfachen Masse des Eiffelturms, und 250 000 Kubikmetern Beton. Am nördlichen Bogen des »U« treffen die Lkw-Schwertransporte mit den Sektionen ein und am südlichen Ende der Halle kommen die fertigen A380 heraus. In einem riesigen, 1200 Tonnen schweren Dock mit fünf Stockwerken, der so genannten Position »L71« werden Rumpfbug, Rumpfmitte, Rumpfheck und die beiden Flügel sowie die Heckflosse an einem Ort montiert. Dies wurde nötig, weil die A380 zu groß ist, als das man sie, wie alle anderen Airbus-Muster, bei der Endmontage zwischen einzelnen Fertigungsstationen fortbewegen könnte. Im Herbst 2005 stand hier zum Beispiel die erste A380, die Engine-Alliance-Triebwerke erhalten wird, MSN009. Man braucht alleine 4000 Niete, um ein Tragfläche zu befestigen.

In der Endmontagehalle werden auch die Triebwerke installiert.

Aus der Endmontagehalle rollt die A380 in eine der vier Ausrüstungsbuchten. Hier werden die Triebwerke montiert und die Systemtests beginnen.

Vor den Cockpitfenstern hängen Computermonitore. Sie zeigen den Ingenieuren im Cockpit beim Hydrauliktest die Ergebnisse an. Automatische Ansagen warnen vor dem Annähern an die Flugzeuge, deren Klappen, Steuerflächen und Fahrwerke sich jetzt jederzeit bewegen können.

Weil alle Teile schon weit gehend mit Rohrleitungen und Kabeln ausgerüstet sind, schafft man die Montage binnen einer Woche. Danach wird das äußerlich fast komplette Flugzeug aus seinem Dock vorsichtig herabgelassen und von einem Schlepper rückwärts, aber schon auf dem eigenen Fahrwerk, durch die 90 Meter breiten und 27 Meter hohen Schiebetüren in den benachbarten Hallenbereich gedrückt. Auf den hiesigen Positionen »L51«, »L53« und »L55« können drei A380 parallel mit Systemen, Verkleidungen, beweglichen Steuerflächen, Avionik und schließlich den Triebwerken ausgerüstet werden. Dieser Bauabschnitt dauert im Serientempo drei Wochen. Im Spätsommer 2005 werden MSN004 und MSN002 hier komplettiert. Das zweite Hallenschiff der U-förmigen Halle würde auf der gegenüberliegenden Seite später noch eine unabhängige zweite Endmontagelinie ermöglichen, wenn später der Frachter und andere Versionen hinzukommen. Dadurch könnte man eines Tages bis zu acht A380 pro Monat fertigen. Mit der bisherigen, einseitigen Endmontage sind derzeit vier Exemplare pro Monat möglich. Im Spätsommer 2005 diente der noch leere zweite Hallenflügel als wetter-

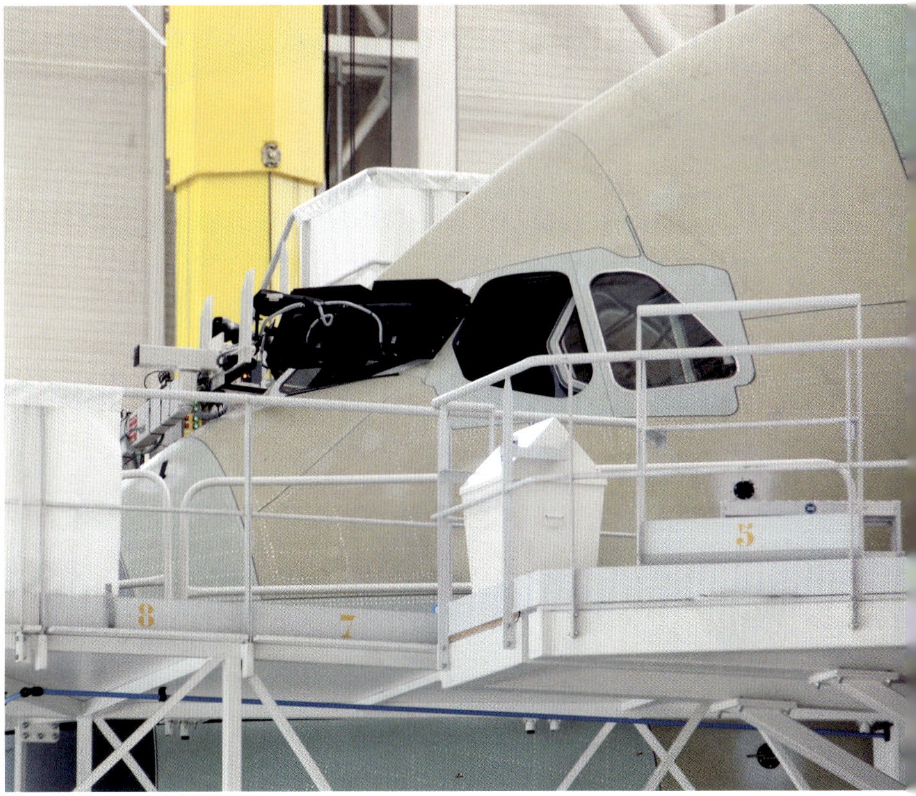

Hallen für die Computer gesteuerten Cfk-Faserlegemaschinen. Im Verbundwerkstoffzentrum Illescas werden Verkleidungen mit gewölbten Oberflächen gebaut. Die Konstruktion und der Bau der gesamten Höhenruderflosse finden in Getafe statt, unterstützt von Zulieferungen aus Illescas. Danach werden die Teile nach Puerto Real zur Endmontage geschickt. Dabei werden auch Hydraulik-, Elektrik-, Kraftstoffsystem (die A380 besitzt einen Trimmtank im Leitwerk) und Flugsteuerung installiert und geprüft und anschließend per Hochseefähre verschifft. Das obere Seitenruder ist 12 Meter lang und 335 Kilogramm schwer, das untere Seitenruder immer noch sieben Meter lang und 250 Kilogramm schwer. Sie werden zur Montage per Beluga nach Deutschland geflogen. Schließlich produziert Getafe auch die einteiligen Fahrwerkstüren aus CFK.

Im Morgengrauen nähert sich die Spitze eines Konvois Toulouse. Die Straßen sind jeweils kurz für den öffentlichen Verkehr gesperrt.

Die Hauptverbindung zwischen den oben genannten Fertigungsstätten stellt die bereits erwähnte Hochseefähre »Ville de Bordeaux« her. Die im Juli 2003 getaufte Ro-Ro-Fähre (Roll-on Roll-off) wird von den Reedereien Louis Dreyfuss Armateurs und Cetam (HUAL) für Airbus betrieben. Insgesamt drei Hochseefähren pendeln mit Rumpfteilen von Finkenwerder über Mostyn und St. Nazaire nach Pauillac, nördlich von Bordeaux an der Garonne-Mündung gelegen. Außerdem holen sie die via Cadiz verschifften spanischen Sektionen nach Pauillac ab. Von einer Umladestation auf einem Schwimmdock in Pauillac setzen die A380-Sektionen ihre Reise auf dem Fluss Garonne fort.

Allerdings führt die Garonne manchmal Hochwasser, so dass der Raum für die Transportschiffe unter einer Reihe historischer Rundbogenbrücken im Frühjahr nach der Schneeschmelze knapp werden kann. Airbus hat sich deshalb zwei extrem flache Spezialfähren bauen lassen, die sich mit Hilfe von Ballasttanks unter Brücken nochmals »bücken« können, weil sie bei Bedarf tiefer eintauchen. Die Flusstransporter kommen bis Langon, südlich von Bordeaux, weiter aufwärts ist die Garonne für sie nicht mehr schiffbar. Stattdessen wechselt das Ladegut das Verkehrsmittel und reist per Lkw-Schwertransporter weiter. Weil die Spezialkonvois mit je drei Schwertransportern für die drei Rumpfsegmente und zwei Transportern für die Flügel nur nachts auf den eigens begradigten Landstrassen fahren dürfen, brauchen sie drei Nächte für die 240 Kilometer lange Reststrecke in die Endmontagehalle von Toulouse. Auf drei Spezialrastplätzen macht der Konvoi tagsüber halt. Viele enge Ortsdurchfahrten können nur im Schritttempo passiert werden. Entlang der Route von Langon über Bazas, Vic-Fézensac, Auch und Gimont wurden zahlreiche Rinnsteine eingeebnet und Hindernisse entfernt. In vielen Dörfern bestehen zudem entlang der Hauptstrasse nächtliche Parkverbote. Aber die Hauptsorge vieler Anwohner galt einer etwaigen nächtlichen Geräuschbelästigung durch die schweren Spezialtransporter. Deswegen wurden die Mercedes-Zugmaschinen der-

Eine walisische Flussfähre liefert einen neuen A380-Flügel zur Airbus-Hochseefähre »Ville de Bordeaux«. Sie bringt den Flügel und Rumpfsektionen aus Frankreich und Deutschland in die Nähe von Bordeaux.

Eine A380-Bugsektion passiert im Straßentransport den Ort Langon. Die Lastwagen fahren nur nachts und sind Geräusch gedämmt.

artig gut gegen Lärm gedämpft, dass sich im April 2004 wiederum Anwohner beschwerten, es sei ihnen zu leise: Sie hätten die erste Fahrt verpasst, weil der nächtliche Konvoi sie nicht wie erwartet durch Lärm geweckt habe, so dass sie verschliefen.

Nach der Endmontage in Toulouse und ersten technischen Testflügen fliegen alle A380 »grün« beziehungsweise »braun«, also nur im Schutzlack und noch ohne endgültige Airline-Farben, nach Hamburg. In Finkenwerder verschwinden die A380 dann in der Ausrüstungshalle, wo, aufgebockt, die komplette Inneneinrichtung der Kabine montiert wird. Danach geht es in die Lackierhalle, wo die Farben des Kunden aufgetragen werden. Das fertige Flugzeug wird jetzt nochmals genau überprüft und dann an die Kunden ausgeliefert. Die Airbus-Arbeitsteilung zwischen Hamburg und Toulouse sieht vor, das A380-Exemplare für europäische und nahöstliche Kunden, die relativ leicht betankt zu kurzen Überführungsflügen starten, von der kürzeren Startbahn ex Hamburg ausgeliefert werden. Amerikanische, fernöstliche und australische Kunden erhalten ihre A380 dagegen aus Toulouse. Diese komplettierten Flugzeuge fliegen dann nochmals aus Hamburg zurück nach Südfrankreich. Singapore Airlines und QANTAS erhielten ihre A380 in Toulouse, Emirates ihre A380 in Hamburg.

Die ersten vier A380 im Formationsflug. Bevor die Serienfertigung voll anlaufen konnte, mussten erst noch Probleme mit der uneinheitlichen Konstruktionssoftware der Kabel gelöst werden.

Zu den wichtigsten weltweiten Zulieferern und Industriepartnern beim A380-Programm gehören folgende Unternehmen:

ADH Aubert & Duval: Flügelaufhängung und Aluminiumteile; Alcan Aerospace: Aluminium; Alcoa: Struktur, Abdeckungen und Niete; Alenia Aeronautica: Teile des mittleren Rumpfes, Türrahmen, Verkleidungen, Wasserleitungen; AOA Apparatebau Gauting: Kühlanlagen, Luftbefeuchter, Brand- und Rauchmelder; Aries Complex S.A: Höhen- und Seitenruder; Asco Industries NV/SA: Vorflügelhalterungen; BAE SYSTEMS: feste Vorflügel; Barnes Aerospace: Türverkleidungen und Wasserbehälter; Belairbus: bewegliche Vorflügel, obere Bugverkleidung; Bridgestone Corporation: Reifen; C&D Aerospace: Ruheräume für die Besatzung; Crane Aerospace & Electronics: Sensoren zur Überwachung des Fahrwerks und der Türen, Kraftstoffdurchflussmesser; CTRM Composite Technology Research Malysia: Vorflügel; CYTEC Engineered Materials: Kleber, Grundierungen; Daher Lhotellier: Luftverteilungssystem; Diehl Avionik Systeme: elektronische Tür- und Notrutschensteuerung, Avionik, Teile der Flugsteuerungssoftware; Draeger Aerospace: Notsauerstoffsystem; Dunlop Aerospace: Reifen, Felgen, Bremsen; EADS Military Aircraft Business Unit: Landeklappenführungen, Vorflügel, Strukturteile; Eaton Corporation, Hydraulikpumpen; ECE, Zodiac Group: elektrisches Energieverteilungssystem; Engine Alliance: Triebwerke; ESW Extel Systems Wedel: Speiseaufzüge für Essenswagen, elektrisches Eisschutzsystem, Tailstrike-Anzeige; Eurocopter: Passagier- und Frachttüren; FACC Fisher Advanced Composite Components: Fensterrahmen, Verkleidungen der Landeklappenhalterungen; Fairchild Controls: Kühlanlagen für Küchen und Avionik; FR-Hi Temp: Kraftstoffpumpen, Strukturteile, Hydraulikteile; Frisby Aerospace: Frachttürantrieb, Strebe für die RAT-Stauluftturbine; FHI Fuji Heavy Industries: Höhenleitwerksstruktur; GAMESA Aeronautica: Rumpf- und Leitwerkstrukturen; GKN: Flügelhinterkanten, Verkleidungen; Goodrich: Hauptfahrwerk, Notrutschen; Hamilton Sundstrand: Klimaanlage; Hawker de Havilland: Flügelspitzenverkleidungen; Hexcel: Kohlefaser-Verbundmaterial; Honeywell-Aerospace: Avionik, Schubumkehr, Bremsen, Druckluftsysteme; Hurrel-Hispano: Triebwerksverkleidungen; Intertechnique, Zodiac Group: Sauerstoffmasken, Überwachungscomputer, Enteisungssysteme; JAMCO: Strukturteile, Avionikregale; KAI: untere Flügelverkleidung; L3 Communications Aviation Recorders: Flugdatenrekorder, Stimmenrekorder; Labinal: elektrische Leitungen; Latécoère: Oberdecktüren, untere Bugsektion; Liebherr-Aerospace: Landeklappen, Störklappen und deren elektrische und hydraulische Antriebe; LISI-Aerospace: Niete aus Speziallegierungen; MASA: Rippen für Flügel und Höhenleitwerk; M.C. Gill Corporation: Bodenbeläge und Wandverkleidungen; Mechachrome: Bodengruppen; Mecahers S.A: Cockpitkonsole; Meggitt Avionics Vibro-Meter: Vibrationsüberwachungsgeräte; Meggitt Safety Systems Inc: Brandmeldeanlagen; Messier-Bugatti: elektronische Bremsen und Software; Messier-Dowty: Bugfahrwerk; Michelin: Reifen; MHI Mitsubishi Heavy Industries: Frachttüren; Monogram Systems: Vakuum-Abwassersystem; NIPPI: Höhenruderspitzen; Nord-Micro: Kabinendrucksystem und Avionikbelüftung; Northrop Grumman: Navigationssystem; Pall Aerospace: Kabinenluftfilter; Parker: Kraftstoffsystem und Flugsteuerungssystem; Patria: Störklappen; Perkins Elmer Fluid Sciences: Hydraulikbehälter; Pratt & Whitney Canada: Hilfstriebwerk; RALEE: Stringer; Ratier-Figeac: Höhenrudertrimmung; RDE Rheinmetall Defence Electronics: Frachttransportanlage; Rockwell-Collins: Avionik, Datenleitungen; Rolls-Royce: Triebwerke; RUAG Aerospace: Flügelholme, -rippen und Verkleidungen; SAAB Aerostructures: Flügelvorderkanten; SABCA: hintere Flügelwurzelverkleidung; SACESA: Flügelwurzelverkleidung; SAGEM: Datenübertragung und Server; Saint-Gobain Sully: Cockpitfenster; Senior Aerospace Bird Bellows: Schraubverbindungen; Shinmaywa Industries: Rumpf-Flügel-Übergang; Siemens Building Technologies: Brandmelder für Fracht- und Avionikräume. SKF Aerospace: Leichtbaukomponenten; Smiths Aerospace: Fahrwerksteile; SOCATA: Bugfahrwerkstüren; SOGERMA: Fußböden, Cockpitsitze; SONACA: Bugoberseite; Stork Aerospace: GLARE-Baugruppen; Team: Funkgerätebedienteil; Thales: Avionik, Flugsteuerungssoftware; VSMPO-AVISMA: Bauteile aus besonderen Metalllegierungen, insbesondere Titan.

Die erste Kunden-A380 für Singapore Airlines startet aus Toulouse nach Hamburg.

Auf dem Vorfeld in Toulouse finden die letzten Funktionstests statt, bevor die A380 nach Hamburg starten und ihre Kabineneinrichtung und Lackierung erhalten. Das erste Flugzeug geht an Emirates, das zweite an Qantas und das dritte an einen saudischen Prinzen als VIP-Flugzeug.

Probleme mit der Produktion

Die Kabelkrise

Röntgenblick durch die A380. Stromkabel, Druckluftleitungen, Leitungen der Klimaanlage und Wasserrohre durchziehen das gesamte Flugzeug.

Toulouse am 13. Juni 2006. Wie jedes Jahr hat Airbus eine handerverlesene Gruppe technischer Luftfahrtfachjournalisten aus aller Welt zum »Technical Press Briefing« (TPB) nach Toulouse eingeladen. Drei Tage lang halten die Airbus-Programmchefs, Chefingenieure, Marketingexperten und Vorstandsmitglieder von früh bis spät Vorträge voller technischer Details und erläutern die aktuelle Lage und die künftigen Airbus-Planungen. Bei jedem »TPB« kann man als Journalist stapelweise Notizblöcke voll schreiben, soviel Neues erfährt man hier direkt an der Quelle. Besuche in den Endmontagelinien mit Hintergrundinformationen zur Produktion runden die Vortragsveranstaltung ab. Am Abend des letzten Tages trifft sich die große Runde, wie üblich eine bunte Mischung aus Journalisten und dem Airbus-Spitzenmanagement, zu einem Festessen im vornehmen Airbus-Kundenrestaurant »Le Club«, als nach dem Dessert eine ungewöhnliche Ansage erfolgt: Airbus-Chef Gustav Humbert bittet die versammelten Journalisten zu einer wichtigen Bekanntgabe in den kleinen Vorstands-Konferenzraum im oberen Stockwerk des gleichen Gebäudes. Die angespannten Gesichter der Airbus-Mitarbeiter aus der Pressestelle verheißen keine guten Nachrichten.

Airbus-Präsident Humbert redet nicht lange um den heißen Brei herum. Eine von ihm in Auftrag gegebene Studie über drohende Produktionsprobleme bei der A380 sei zu folgendem Ergebnis gekommen: »Die Studie hat ergeben, dass sich die Produktion nicht pünktlich halten lässt. Die Aktivitäten vom letzten Jahr haben nicht alle Probleme beseitigt. Wir haben gestern Nacht entschieden, dass wir die Kunden informieren müssen. Ich habe heute mit zehn Vorstandsvorsitzenden unserer Kunden gesprochen. Die sind nicht glücklich über Airbus, aber sie würdigen unsere Bemühungen«, ergänzte der sichtlich enttäuschte, damalige Firmenchef. Humbert kündigte an, dass Airbus nur eine einzige A380 im Jahr 2006 an Singapore Airlines ausliefern könne, bis 2009 verzögere sich die Auslieferung aller Kundenflugzeuge. 2007 könnten statt geplanter 25 A380 nur ganze neun ausgeliefert werden, 2008 nur »fünf bis neun weniger«, als die einst vorgesehenen 35 Stück und 2009 nur 40 statt 45.

Schon im Spätsommer 2005 hatte Airbus eingeräumt, dass die Verkabelung einen »Flaschenhals« bei der Produktion darstelle. Hierfür seien auch die ausgeuferten Extrawünsche der Airlines Schuld, deren zahlreiche bestellte Extras eine aufwändige Einzelentwicklung jeder Kundenversion erforderlich mache. Damals hatte Airbus erklärt, das Problem sei erkannt und bereits beseitigt worden. Deswegen schlug die neuerliche, viel folgenschwerere Verspätungsmeldung nun ein wie eine Bombe. An der Börse brach der Aktienkurs des Airbus-Mutterkonzerns EADS zeitweise um dramatische 26 Prozent ein, nachdem EADS erklärt hatte, die verspäteten Auslieferungen würden zwischen 2007 und 2010 zu jährlichen Einnahmeausfällen von 500 Millionen Euro führen.

Die Hiobsbotschaften von der Börse führten, noch im Sommer 2006, auch zu personellen Konsequenzen: Noel Forgeard, EADS-Co-Vorstandsvorsitzender und vor Gustav Humbert langjähriger Airbus-Chef, verlor seinen Posten. An seine Stelle und damit an die Seite des deutschen EADS-Co-Vorstandsvorsitzenden Thomas Enders, trat mit dem französischen Manager Louis Gallois, der zuvor die dortigen Staatseisenbahnen SNCF erfolgreich saniert hatte, ein Unternehmensfremder, allerdings einer mit Erfahrungen aus der Luftfahrtbranche. Auch Gustav Humbert, gerade erst bei Airbus an Forgeards Stelle aufgerückt, verlor seinen Posten und wurde durch den Franzosen Christian Streiff abgelöst, ebenfalls einem externen Bewerber.

Streiff veranlasste gleich bei seinem Amtsantritt kurzfristig eine neuerliche Bestandsaufnahme und erläuterte deren Ergebnisse am 3. Oktober 2006 gemeinsam mit dem damaligen EADS-Vorstandschef und heutigen Vorstandsvorsitzenden von Airbus, Thomas Enders. »Der Produktionsprozess, nicht das Flugzeug selbst, hat einen entscheidenden Fehler«, so Streiff. »Dieser bildet das schwächste Glied in der gesamten Fertigungskette und verhindert bisher die

In der Toulouser Endmontagehalle wurden zusätzlich die langwierigen, manuellen Kabelnachrüstarbeiten durchgeführt. Dabei wurde bereits die für den späteren Bau der A380F gedachte Hallenseite benutzt.

MSN017, eine A380 für Emirates, wird im Sommer 2008 in Toulouse zum Einbau der Triebwerke vorbereitet.

Aufnahme der vollen Produktionsrate: Es geht um die Konstruktion der elektrischen Kabelbäume für den vorderen und hinteren Rumpf. Das sind 530 Kilometer Drähte, die zu 100 000 einzelnen Kabelstücken mit 40 300 Steckern und 350 Kilometer Länge pro Flugzeug verbunden werden. Die A380 ist bei der Verkabelung doppelt so komplex, wie eine A340-600. Unsere Analyse der letzten Wochen hat ergeben, dass die Lage viel schlimmer ist, als befürchtet. Es gab Unverträglichkeiten unserer elektronischen Konstruktionsprogramme, mit denen wir die Kabelbäume und ihre Verlegung entwickelt haben. Die Kabelbaum-Einbausätze für den vorderen und hinteren Rumpf konnten deshalb mit dem restlichen Flugzeug nicht Schritt halten und haben beim Einbau nicht gepasst. Außerdem hatten wir zu wenig Zeit für Kabeländerungen während der Entwicklungsphase. Jetzt müssen wir die Konstruktionssoftware und den Datenbestand vereinheitlichen. Aber das wird eine Zeit lang dauern.«

Die größten Probleme entstanden bei Airbus durch die parallele Nutzung unterschiedlicher Programmversionen der branchenweit führenden Konstruktionssoftware Catia von Dassault Systèmes. Während die Spanier und die Deutschen noch aus Zeiten der A3XX die bewährte, ältere Version Catia 4 nutzten, stiegen die Briten und Franzosen während der Entwicklung auf die aktuelle Version Catia 5 um. Mit der elektronischen Konstruktionssoftware können alle Ingenieure auf ein zentrales Modell ihres neuen Flugzeugs zugreifen, das sogenannte »Digital Mock-up«. Wie in einer »virtuellen Puppenstube« kann man hier Träger einbauen und bei Bedarf verschieben, Wartungsluken einplanen und virtuelle Kabelbäume verlegen, bevor das eigentliche Flugzeug gebaut wird. Eventuelle Fehler zeigen sich, bevor man in der Produktion darauf stößt. Die anderen Ingenieure bemerken sofort, wenn ihnen ein Kollege in die Quere kommt und etwa einen Träger genau vor einer Tür platzieren will. Im Idealfall kann man, laut Christian Streiff, die Produktivität der hoch bezahlten Konstruktionsexperten um das fünf- bis sechsfache gegenüber den klassischen Entwicklungsmethoden steigern, bei denen einst langwierig mit Reißbrett und zehntausenden Planskizzen, Rechenschieber und Sperrholzmodellen konstruiert wurde.

Airbus tappte jedoch durch die unterschiedlichen Programmversionen in eine Falle. Trotz gleichen Namens und gleicher Grundfunktionen unterscheiden sich die Versionen hinter den Kulissen, beim Programmcode, derartig stark, dass man die Daten nicht mehr so einfach übertragen und mischen kann. Im Ergebnis konnten die Deutschen und Spanier nicht mehr auf das zentrale Digital Mock-up der A380 im Toulouser Rechner zugreifen und arbeiteten als »Inseln«. Dies rächte sich im Laufe der Entwicklung immer mehr, insbesondere, als sich das Digitalmodell in Toulouse nach Beginn der Flugtests und mit Auswertung der Strukturversuche immer stärker veränderte. Nun änderten sich die Kabelwege im Flugzeug und plötzlich passten die in Hamburg geplanten Kabelbäume nicht mehr in die in Toulouse auf die Verbindung der Verkabelung wartenden Flugzeugteile.

Bis hierher scheint das Problem noch nachvollziehbar. Und auch das anfängliche Zögern der deutschen und Spanier ist verständlich, Programmversion und Rechnerinfrastruktur auf Catia 5 umzurüsten. Denn neben den hohen Infrastuktur- und Schulungskosten zieht man die Elite seiner Ingenieure, die in einer heißen Programmphase naturgemäß unter sehr großem Termindruck steht, aus ihrer gewohnten Arbeit. Mehr noch, beim Programmupdate gehen viele informelle Notizen, welche die Ingenieure ihrer Konstruktion beifügen, verloren. Airbus hatte gehofft, eine eigene »Übersetzungssoftware« zwischen den Catia-Versionen zu entwickeln, um die Versionsunterschiede elegant zu überbrücken. Dieses unscheinbare Programm erreichte aber nie die erhoffte Funktionalität und führte schließlich zur enormen Größenordnung des Problems.

Außerdem dürfte auch eine damals fehlende Kultur der Offenheit im Unternehmen für die Größenordnung des Problems verantwortlich sein. Niemand wagte es, denn eskalierenden, vermutlich schon milliardenteuren Missstand an die Führung weiterzumelden. Währenddessen häuften sich in der Endmontagehalle in Toulouse die praktischen Kabelprobleme. Die Fertigungsmannschaften trieb es schier zur Verzweiflung: Oft fehlten nur wenige Zentimeter Kabellänge, aber die vorgefertigten Kabelbäume passten nicht. Wie sollte man so die strengen Produktionszeitpläne einhalten? Konnte man bei den ersten von Hand gefertigten Prototypen noch improvisieren und manuell kurze Kabelverlängerungen einfügen, verschärfte sich das Problem bei den mit voller Kabine in immer neuen Kundenversionen fertig auszurüstenden Kundenflugzeugen.

Nach dem Airbus-Produktionskonzept liefern die Werke weitestgehend fertig ausgerüstete und sogar schon funktionsgeprüfte Sektionen an die Endmontagestandorte. Die Endmontage ist personell und technisch nicht darauf ausgelegt, hier noch Kabelbäume einzubauen und zu verlegen. Noch schlimmer wird es, in fertig montierten Flugzeugen nachträglich Kabelbäume auszutauschen, denn viele Bereiche eines Flugzeugs sind nach der Montage »für immer« unzugänglich. Außerdem werden die oft zentimeterdicken Kabelbäume mit genau berechneten Verankerungen an der Flugzeugstruktur befestigt. Ändert man den Kabelbaum, muss auch seine Befestigung angepasst werden. Das Kabelproblem ist also auch ein Strukturproblem und weitaus mehr als eine kleine kosmetische Anpassung. Entsprechend kompliziert wurde die Lösung des Kabelproblems. Nur ein vorübergehender, kompletter Produktionsstopp konnte jetzt noch helfen.

»Ich kann mit Sicherheit sagen, dass nicht das Konstruktionsteam der Elektrik aus Hamburg Schuld ist«, nahm der damalige Airbus-Chef Christian Streiff, die Deutschen in Schutz. »Airbus ist ein Unternehmen. Airbus als Ganzes hat versagt. Das Management auf unterschiedlichen Ebenen und mit unterschiedlichen Pässen hat versagt und mit Sicherheit nicht die Teams in den Werkhallen.«

Streiff benannte einen neuen Alleinverantwortlichen für die A380-Aktivitäten in Hamburg, den Kabinenexperten Rüdiger Fuchs. Ihm wurde ein Team

Im Frühsommer 2008 ist die Rumpfspitze von MSN025 in Toulouse eingetroffen. Sie ist die letzte A380 der intern »Wave 1« genannten, nachzurüstenden Vorserie. Ab MSN026 erhalten alle A380 die einheitlichen, nachentwickelten Kabelsätze.

Die Bedeutung der A380 für Deutschland

Die Jobmaschine

Alle A380 (mit Ausnahme der ersten beiden Exemplare) werden in Deutschland lackiert.

Der 28. Juli 2008 war ein großer Tag für Hamburg. An diesem sonnigen Montag übernahm Emirates die erste von 58 bestellten A380 in der Hansestadt. Mehrere Hundert Airbus-Mitarbeiter hatten sich vor dem neu eröffneten Auslieferungszentrum in Finkenwerder eingefunden, um das Ereignis zu feiern. Sie zeigten ihre Begeisterung in Form von tosendem Applaus, als das Flugzeug vor das Gebäude rollte. Airbus-Chef Tom Enders sagte: »Das ist ein Beleg der langen und guten Beziehungen zwischen Emirates und Deutschland. Emirates ist mehr als ein Kunde für uns.« Ahmed bin Saaed Al-Maktoum, Vorsitzender und Hauptgeschäftsführer von Emirates sagte anlässlich der Übergabe: »Das A380-Programm hat mehr als 40 000 direkte und indirekte Arbeitsplätze in Deurtschland geschaffen. Diesen 40 000 und allen anderen in Europa und darüber hinaus Beteiligten möchte ich herzlich dafür danken, dass sie dieses Flugzeug zu dem gemacht haben, was es ist: Ein großartiges Flugzeug für das 21. Jahrhundert!«

Auf die Bedeutung des Flugzeugs für Deutschland ging auch Michael Glos, Bundesminister für Wirtschaft und Technologie, in einem Kommentar ein: »Ich freue mich, dass die A380 nun auch von Hamburg aus ihren Weg zu den Kunden – und damit auch zu den Flughäfen in der ganzen Welt antritt. Airbus ist es mit der A380 gelungen, bisher bekannte Dimensionen in der Passagierluftfahrt zu sprengen. Sie setzt neue Standards hinsichtlich Komfort, Verbrauch und Geräuschemission. Emirates setzt mit seinen insgesamt 58 Bestellungen zu Recht auf dieses Flugzeug und leistet damit einen wichtigen Beitrag zum Erfolg des Programms. Am Luftfahrtstandort Hamburg, an allen anderen Airbusstandorten in Deutschland und bei den zahlreichen Zulieferern sind mit der A380 eine Vielzahl von hochwertigen Arbeitsplätzen entstanden. Es ist daher ein hervorragendes Signal auch für die Zukunft der Luftfahrtindustrie in Deutschland, dass der wichtigste A380-Kunde seine Flugzeuge in Hamburg übernimmt.«

Auch wenn der Termin industriepolitisch weniger spektakulär war als die Emirates-Auslieferung im Juli 2008, zeigte der 27. August 2005, welche Emotionen das neue Flugzeug in Deutschland hervorrufen konnte. Der 27. August war nach mehreren regnerischen Wochen ein schöner Sommertag in ganz Deutschland. Die Temperaturen waren knapp über 20 Grad Celsius gestiegen, der Wind wehte leicht aus Westen. In Hamburg hatten sich rund 150 000 Menschen entlang der Elbe aufgestellt, aber nicht, um den Hafengeburtstag zu feiern oder das größte Passagierschiff der Welt. die Queen Mary 2, zu bewundern, nein, an diesem Samstag waren die Menschen in die Hansestadt geströmt, um den ersten Flug einer A380 in Deutschland zu sehen. Um 15.00 Uhr hatte das Warten ein Ende, der Airbus A380 flog in 1500 ft (500 m) Höhe die Elbe entlang. Bei seiner Deutschland-Premiere steuerten die beiden Testpiloten Jacques Rosay und Wolfgang Absmeier den größten Airbus. Die beste Sicht auf den neuen Airbus-Riesen hatte man vom südlichen Elbe-Ufer, denn auf dem Werksgelände in Finkenwerder fand an diesem Tag der Airbus-Familientag statt. Die A380 überflog die Landebahn des Airbus-Werksflugplatzes in niedriger Höhe und drehte dann nach ein paar Schleifen und einem Abstecher über Bremen wieder ab in Richtung Südfrankreich. Im Frühjahr 2005 war noch geplant gewesen, das Flugzeug den ganzen Tag in Finkenwerder stehen zu lassen. Doch das Zulassungsprogramm hinkte bereits damals dem Zeitplan hinterher und so musste die Airbus-Führung es bei einem Überflug in Hamburg belassen. Der Begeisterung für das Flugzeug tat das keinen Abbruch.

Nicht nur Hamburger begeistern sich für dieses Flugzeug. In Deutschland war seit dem Zweiten Weltkrieg kein einziges Flugzeug mit dieser Euphorie begleitet worden wie der Airbus A380. Das ließ sich auch wieder an der Medienaufmerksamkeit ablesen, die dem A380-Besuch gewidmet wurde: In jeder Hauptnachrichtensendung am 27. August lief die Meldung von dem Überflug in Hamburg. In vielen Tageszeitungen war diese Meldung am nächsten Tag der Aufmacher auf der Titelseite. Das A380-Programm ist für Deutschland von erheblicher industriepolitischer Bedeutung, denn Deutschland hat einen erheblichen Anteil und liefert wichtige Komponenten für den Airbus-Riesen. Bei der Vorstellung der A380 am 18. Januar 2005 in Toulouse sagte der damalige deutsche Bundeskanzler Gerhard Schröder in einer Rede vor 5000 geladenen Gästen: »Dieser Tag ist ein großer Tag für Europa, weil er ein großer Tag für die europäische Luftfahrtindustrie ist.«

Bei der Produktion der Komponenten werden wo immer möglich Roboter eingesetzt

Der damalige Präsident des Bundesverbandes der Deutschen Luft- und Raumfahrtindustrie, Rainer Hertrich, schrieb im Februar 2005 anlässlich der A380-Vostellung: »Der Bau der A380 hat auch für Deutschland eine kaum zu unterschätzende Bedeutung. Mit ihren neuen Technologien wird sie zum einen den Ruf Deutschlands als eine der weltweit führenden Luft- und Raumfahrtnationen stärken. Zum anderen schafft die A380 natürlich ganz konkret Tausende von neuen,

Links:
In Dresden testen IABG und IMA eine A380-Struktur im Lebensdauertest.

Rechts:
184 Hydraulikzylinder drücken und ziehen in Dresden an der A380-Struktur.

hoch qualifizierten Arbeitsplätzen. Allein in Hamburg werden wir 2000 Stellen schaffen und gehen davon aus, dass die gleiche Zahl von Arbeitsplätzen bei den Zulieferern entstehen wird. Insgesamt werden rund 10 000 neue Arbeitsplätze direkt oder indirekt von der A380 abhängen.«

Aufgrund der wirtschaftspolitischen Bedeutung des Projektes gab es im Vorfeld große Auseinandersetzungen, vor allem um die prestigeträchtige Endmontage. Die macht zwar nur fünf Prozent der gesamten Produktionskosten eines Flugzeuges aus, ist aber in der öffentlichen Wahrnehmung der wichtigste Schritt in der Fertigung eines jeden Flugzeugs.

Viele europäische Städte, darunter auch Rostock, bewarben sich um die Endmontage. Am Ende setzten sich in einem Kompromiss jedoch Toulouse und Hamburg durch. Die Entscheidung wurde am 19. Dezember 2001 zusammen mit dem industriellen Launch des Programms bekannt gegeben. Damit hatte sich die harte Lobbyarbeit des Hamburger Senats, die mit großem Einsatz geführt wurde, bezahlt gemacht.

Um den Zuschlag zu erhalten, musste Hamburg der Erweiterung des Airbus-Werksgeländes in Finkenwerder zustimmen, was zu Problemen mit Anwohnern und Naturschützern in der Nähe des Werksgeländes führte. Die Vergrößerung des direkt an der Elbe gelegenen Werkes war nur möglich, wenn ein Teilstück des Mühlenberger Loches zugeschüttet würde. Rund 20 Prozent dieser Elbebucht mussten mit Sand verfüllt werden. Naturschützer sahen enorme Schäden auf die Natur zukommen und sahen sogar die Populationen von einigen Wasservogel-Arten gefährdet. Anwohner des gegenüberliegenden Elbufers fürchteten, es werde mehr Fluglärm geben und führten allen Ernstes die Schifffahrt auf der Elbe als Sicherheitsargument gegen einen Ausbau des Werkes ins Felde. Gutachter sagten sogar voraus, dass der Untergrund des Werkes nicht halten würde und dass das Werk im Schlick versinken werde. Es kam zu Prozessen, und die Richter folgten den Auffassungen der Kläger nicht, so dass das Werk entstehen konnte. Für den Naturschutz mussten Hamburg und Airbus Ausgleichsflächen zur Verfügung stellen.

Die Befürchtungen der Naturschützer sind nicht eingetreten. Neueste Zählungen ergaben, dass die Artenvielfalt im Mühlenberger Loch durch die Erweiterung des Geländes nicht gelitten hat und dass sich dort sogar mehr Krick- und Löffelenten einfinden als vor der Aufschüttung. Da die A380 kein Flugzeug ist, das mit einer hohen Produktionsfrequenz hergestellt wird, haben die Anwohner auch hier keine großen Geräuschzuwächse zu beklagen: Im Durchschnitt, so Airbus, werden selbst bei maximaler A380-Produktionsrate täglich nicht mehr als 2,6 Flugbewegungen mehr anfallen als vor der A380.

Hamburg profitiert am stärksten von allen deutschen Standorten von der A380. In Finkenwerder geschieht die Struktur- und Ausrüstungsmontage aller vorderen und hinteren Rumpfabschnitte des neuen Riesenvogels. Zusätzlich kommen alle Airbus A380 im Laufe ihrer Entstehung an die Elbe zur Innenausrüstung. Dies ist ein wenig spektakulärer, aber industriepolitisch enorm schwergewichtiger Abschnitt der Flugzeugproduktion, denn er ist personalintensiv. Und erfordert ein hohes Maß an fachlicher Kompetenz und Flexibilität. Jeder Kunde lässt das Flaggschiff seiner Flotte individuell ausrüsten, um es seinen Passagieren auf Strecke so bequem wie möglich zu machen.

Die Innenausstattung ist Hochtechnologie. Die Sitze allein sind kleine technische Wunderwerke. Aber sie allein machen das Interieur nicht aus, denn die Passagiere der Ersten und Business Class verlangen heute von einem neuen Flugzeug auch Wireless-LAN an Bord, am liebsten mit der Möglichkeit, im Flug online zu gehen. Die Bordunterhaltungssysteme sind extrem komplex geworden – und ihre Verkabelung hat zu den Verspätungen der Auslieferungen beigetragen, da Airbus die Komplexität der Kabinenausrüstung einfach unterschätzt hatte. Die Abstimmung der Bordsysteme mit den Bordunterhaltungssystemen gehört zu den herausforderndsten Aufgaben für Ingenieure.

Mit der kompletten Innenausstattung hat sich Hamburg ein wichtiges Sahnestückchen der Fertigung gesichert. Außerdem erhalten alle A380 in Finkenwerder ihre Lackierung in der eigens dafür neu errichteten Halle, die natürlich den höchsten Umweltanforderungen entspricht. Dazu fliegen Airbus-Testpiloten die Flugzeuge aus Südwestfrankreich nach Norddeutschland. Die erste A380 wurde allerdings noch in Südfrankreich lackiert. Denn Airbus wollte natürlich die erste A380 nicht »grün« zum Erstflug antreten lassen.

Auch ein Teil der Auslieferung der A380 geschieht seit dem 28. Juli 2008 in Hamburg. Hier übergeben die

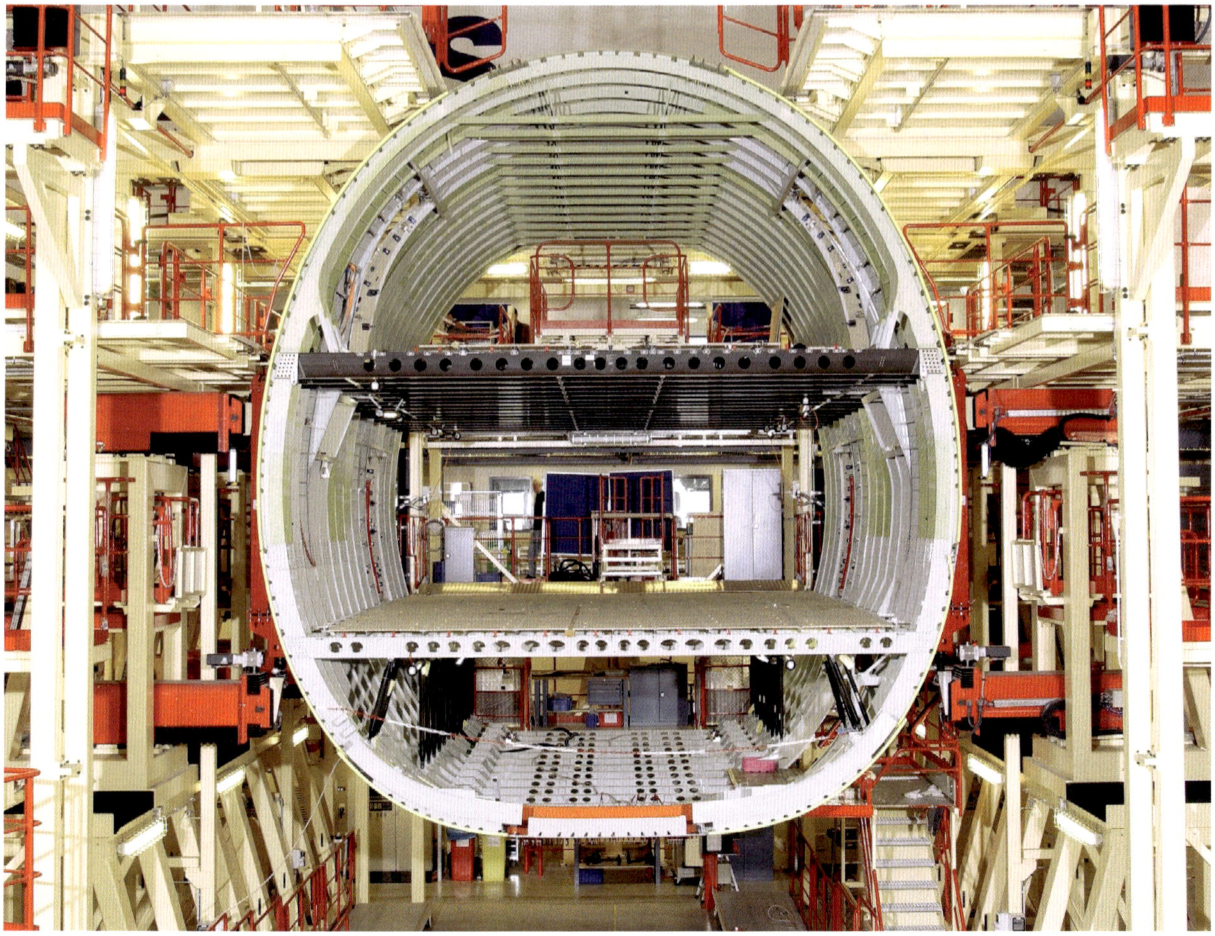

Blick in eine Rumpfsektion, die im Werk in Finkenwerder im Montagegerüst steckt.

Airbus-Verantwortlichen alle A380, die von Kunden aus dem Mittleren Osten und aus Europa bestellt wurden. Also wird auch Air France ihre A380 nach der Lackierung in Finkenwerder in Empfang nehmen und die Übergabedokumente unterzeichnen.

Finkenwerder ist der größte deutsche Airbus-Standort und steht deshalb häufig im Mittelpunkt. Aber die anderen deutschen Airbus-Werke tragen ebenso zum Gelingen der A380 bei. In Bremen steht das zweitgrößte deutsche Airbus-Werk. Es ist verantwortlich für die Flügelausrüstung der Airbus-Großraumflugzeuge und für die Fertigung der Landeklappen. In der Hansestadt arbeiten 3200 Mitarbeiter für Airbus und haben unter anderem auch das Frachtladesystem entwickelt. Nördlich von Bremen, kurz vor der Wesermündung am linken Flussufer ist im Nordenhamer Ortsteil Einswarden ein weiterer Airbus-Standort zu finden. Hier fertigen 2300 Beschäftigte unter anderem Rumpfschalen aus Aluminium und GLARE. Sie beherrschen modernste Fertigungsverfahren, so auch das Laserschweißen, das im Rumpfschalenbau zum Einsatz kommt. Das Werk hat eine lange Tradition, schon 1934 war mit Weserflugzeugbau hier ein Flugzeugwerk zu Hause. Ebenfalls in Norddeutschland liegt das Werk Varel, das allein für die A380 mehr als 4000 einzelne Bauteile herstellt. Die Spezialität der 1260 Mitarbeiter in Varel sind »spanabhebende Arbeiten«, also das Fräsen, Drehen, Zerspanen von Rohbauteilen. Populär gesprochen kommen in Varel Metallklötze ins Werk und verlassen dieses wieder als Beschläge, Halterungen und andere Flugzeugbauteile.

In Laupheim unweit von Ulm sind die Spezialisten für Kunststoffteile im Innenbereich zu finden. 1100 Mitarbeiter arbeiten hier an Deckenverkleidungen und anderen Kunststoff-Ausstattungen, die bei der Inneneinrichtung benötigt werden. Für die A380 bauen die Laupheimer unter anderem die Besatzungs-Ruheräume. Das Airbus-Werk wurde nach langen Verhandlungen am 1. August 2008 an ein Konsortium der beiden

Die erste A380-Hecksektion wird auf diesem Foto in Finkenwerder aufs Schiff gehoben.

Industriegruppen Diehl und Thales verkauft und gehört seit dem 1. Oktober 2008 nicht mehr zum Airbus-Konzern. Die Firma arbeitet unter der neuen Führung unverändert am A380-Programm mit.

Kabinen-Know-How anderer Art ist im Werk in Buxtehude vorhanden. Die 350 Mitarbeiter des Werkes kümmern sich neben anderen Programmen bei der A380 um das elektronische Kabinensystem. Zu den genannten Werken kommen noch die EADS-Standorte, die nicht ausschließlich Airbus-Teile fertigen. Das EADS-Werk in Augsburg gehört dazu. Hier sind die Mitarbeiter zum großen Teil mit Airbus-Aufträgen beschäftigt, fertigen aber auch Komponenten für Militärflugzeuge wie den Eurofighter.

Die Fertigung ist ein wichtiges Glied in der Wertschöpfungskette eines Flugzeugprogramms. Jedoch gibt es weitere Dienstleistungen, ohne die ein Flugzeug wie die A380 nicht fliegen darf. Auch hier spielen Firmen in Deutschland eine wichtige Rolle. Entscheidend für die Zulassung des Airbus A380 sind die Tests, mit denen die Industrie-Anlagen-Betriebsgesellschaft (IABG) aus Ottobrunn von Airbus beauftragt wurde. Auch hier können deutsche Firmen ihre Kompetenz unter Beweis stellen: Die IABG testet in Dresden das neue Flugzeugmuster auf seine Ermüdungseigenschaften. Vor der Musterzulassung müssen die Testingenieure mindestens 5000 simulierte Flugbewegungen nachgewiesen haben.

Zwischen September und Dezember 2004 montierten Airbus-Techniker in Dresden einen strukturell kompletten Airbus A380 in einer eigens dafür errichteten Halle. Die einzelnen Rumpfsegmente und Flügel kamen per Schiffstransport über die Elbe nach Dresden. Das Flugzeug mit der Seriennummer MSN 5001 wird allerdings nie in Wirklichkeit fliegen, dazu ist es auch nicht ausgerüstet, denn Teile wie die Triebwerke, das Fahrwerk und die Landeklappen wurden durch Dummys ersetzt, die die entsprechenden Massen abbilden.

In der Halle wurde das Flugzeug den gleichen Belastungen unterzogen, die eine A380 bei 47 500 Flügen erlebt. Dazu hatten die Techniker der sächsischen IMA GmbH – die Firma ist der größte Unterauftragnehmer bei dem Versuchsprogramm – das Flugzeug in ein 1800 Tonnen schweres, stählernes Gerüst gezwängt. 184 comuptergesteuerte Hydraulikzylinder zerrten, drückten und zogen an der Struktur, um genau die Kräfte zu simulieren, die bei jedem Flug auftreten. Währenddessen pumpte ein Hydrauliksystem die Kabine mit 0,6 bar auf, um die Druckverhältnisse im Flug darzustellen. In der Halle benötigten die Techniker für einen Flug nur elf Minuten Zeit. Dann hatten sie alle Belastungen simuliert, die während eines echten Fluges auftreten. Im Airline-Alltag benötigt eine A380 an den großen Airports wahrscheinlich mehr als elf Minuten, um vom Gate zur Startbahn zu rollen. Die Techniker konnten so bis zu 900 Flüge pro Woche nachstellen. Der damalige A380-Programmleiter Charles Champion sagte bei der Aufnahme der Simulationen am 1. September 2005: »Diese Tests sind ein wichtiger Meilenstein auf dem Weg, der zur A380-Musterzulassung führt. Sie fangen zweieinhalb Monate früher als geplant an und zeigen das starke Bekenntnis von jedem Airbus-Mitarbeiter in Bezug auf dieses ehrgeizige und ambitionierte Programm. Dies erlaubt uns, noch vor der Indienststellung ein viel höheres Testvolumen zu fahren, was unseren Kunden zugute kommen wird.«

Die erste Serie von dynamischen Belastungsversuchen dauerte 26 Monate. Er stellte den größten Auftrag in der Geschichte der IABG dar und war gleichzeitig auch der größte Gesamtzellen-Ermüdungsver-

Deutschland hat einen erheblichen Anteil am A380-Programm. Neben der Innenausrüstung findet in Finkenwerder auch ein Teil der Strukturmontage statt.

Blick auf das erweiterte Airbus-Werk in Finkenwerder direkt an der Elbe.

such in der Luftfahrt. Die Versuchsmessdaten wurden digital erfasst und verarbeitet. Dies ermöglichte eine schnelle Auswertung. Wenn ein Versuchsergebnis eine Änderung an der Flugzeugkonstruktion nach sich zog, konnte dies schnellstmöglicht veranlasst werden. Im Gegensatz zu den Versuchen in Toulouse, bei denen die Tragflächen bis zum Bruch belastet wurden, blieb die MSN 5001 intakt und wurde nicht überlastet. Die 47 500 simulierten Flugbewegungen in der Halle repräsentieren die Belastung, der eine A380 in 25 Jahren Flugbetrieb ausgesetzt ist. Die IABG erhielt einen Folgeauftrag und testet nun bis Ende 2009 das Versuchsmuster. Dann sollen 60 800 Flüge in Dresden simuliert worden sein.

Aber nicht nur bei Airbus Deutschland entstanden für die A380 neue Jobs, auch Zulieferer und Programmpartner schafften neue und sicherten alte Arbeitsplätze. Die Liste der deutschen Zulieferer ist sehr lang und kann auch im Rahmen dieses Buches nicht vollständig aufgeführt werden. Aber auf ihr sind unter anderem zu finden: AOA (Sensoren), COMTAS (Querträger aus CFK), Corus (Aluminium), Dasell Cabin Interiors (Toiletten, Dusch-Modul), Diehl Avionik Systeme (Vorflügel und Klappen-Steuercomputer, Tür- und Notrutschmanagement-System), Diehl Luftfahrt-Elektronik (Innenbeleuchtung), Dräger (Notsauerstoffsysteme), EADS Elbe Flugzeugwerke (Fußbodenplatten), Eurocopter Deutschland (Türen), Goodrich Hella (Außenbeleuchtung), Liebherr Aerospace (Spoiler-Betätigungssystem, Hydraulik-Kühlaggregate), MTU Aero Engines (Triebwerkskomponenten), Otto Fuchs Metallwerke (Schmiedearbeiten), Pfalz Aerospace (Rohre und Leitungen), SELL (Galleys und Galley-Ausrüstung), Recaro (Sitze), sowie die sächsische Firma Spekon (Isolationsmatten).

Für weitere Beschäftigung sorgt das neue Flugzeug auch nach der Einführung bei der Deutschen Lufthansa. Sie baut ihre A380-Basis am Flughafen Frankfurt auf und muss dort Wartungs- und Überholungseinrichtungen schaffen. Der Flughafen Frankfurt hat nach langem Rechtstreit mit verschiedenen Klägern erst im September 2005 vor dem Bundesverwaltungsgericht in Leipzig Recht bekommen und sofort mit der Umsetzung der Pläne begonnen. Die Fraport

AG als Flughafengesellschaft hat für die Lufthansa einen A380-Wartungshangar gebaut, den die Kranich-Airline vom Airport-Betreiber langfristig least. Am 11. Januar 2008 wurde das neue Bauwerk eröffnet. Rund 150 Millionen Euro hat die Lufthansa Technik in die Halle gesteckt, die 350 Meter lang und 140 Meter breit geraten ist. Damit ist in dem neuen Gebäude Platz für vier A380, an denen die Techniker gleichzeitig arbeiten können. Bei der Lufthansa selbst entstehen durch die A380 auch weitere Arbeitsplätze, denn schließlich müssen Piloten das Flugzeug fliegen und Kabinenpersonal für die Sicherheit und den Komfort der Passagiere an Bord sorgen. Durch die niedrigeren Betriebskosten sorgt das neue Flugzeug auch dafür, dass die Lufthansa im internationalen Wettbewerb auf den attraktiven Langstrecken wettbewerbsfähig bleibt.

Die Bedeutung des milliardenschweren Programms Airbus A380 geht weit über die Auswirkungen hinaus, die durch direkte Investitionen und direkt mit dem Flugzeug verbundene Arbeitsplätze entstehen. Der Airbus A380 ist ein Gewinn für Deutschland, nicht nur durch seine Symbolkraft als europäisches Technologieprojekt, das in weltweiter Kooperation entsteht, sondern auch ganz konkret: Durch den deutschen Programmanteil werden in Deutschland Arbeitsplätze geschaffen und langfristig gesichert, die es ohne dieses Flugzeug nicht geben würde. Der Airbus A380 erzielt eine hohe Wertschöpfung und trägt damit zum Wirtschaftswachstum und zum Wohlstand Deutschlands bei.

Eine A380 der Singapore Airlines startet nach der Innenausrüstung in Hamburg zur Auslieferung nach Toulouse.

Mehr Kapazität mit dem Riesenjet

Die A380 und die Flughäfen

Schon heute ein vertrautes Bild auf einigen Flughäfen: Ein Airbus A380 am Gate.

Am 25. Oktober 2007 nahm Singapore Airlines als erste Fluggesellschaft weltweit den Liniendienst mit dem Airbus A380 auf und fliegt seitdem täglich zwischen Singapur und Sydney. Als die Fluglinie weitere Exemplare bekam, nahm sie auch Flüge nach London-Heathrow und Tokio auf. Kurz vor den Olympischen Spielen in Peking 2008 bediente das neue Flaggschiff der Gesellschaft auch die chinesische Hauptstadt. Emirates setzte ihre erste A380 auf der Strecke zwischen Dubai und New York John F. Kennedy ein, während QANTAS die A380 zwischen Sydney, Los Angeles und Melbourne pendeln lässt. Heute ist der Airbus A380 fast schon Normalität auf den großen Luftverkehrsdrehkreuzen der Welt. Mit jeder Auslieferung kommen neue Destinationen hinzu.

Es mag überraschend klingen, aber die Geschichte vieler Flugzeugtypen beginnt mit den Anforderungen am Boden bei den Flughäfen und nicht mit kompromisslosen Ingenieurkonzepten für unbeschränkte Höchstleistungen am Himmel. Die technischen Vorgaben der Flughäfen wirken sich direkt auf die Konstruktion aus. Soll ein neues Muster zum Beispiel mit den vorhandenen Startbahnlängen auskommen, muss sein Klappensystem am Flügel entsprechend ausgelegt sein, um die zu befördernde Nutzlast auf der vorgegebenen Strecke in die Luft zu bringen. Zu komplizierte Klappen würden allerdings Gewicht kosten und den

Entwicklungsaufwand erhöhen. Die nächste Frage lautet: Wie schwer darf das Flugzeug werden? Militärtransporter wie die Lockheed C-5 Galaxy, die An-124 oder die Boeing C-17, die im Notfall auch auf schlecht befestigten oder nur notdürftig reparierten Pisten starten und landen müssen, verteilen ihr Gewicht über zahlreiche Räderpaare auf eine relativ große Fläche. Solch ein Fahrwerk ist aber schwer und klobig und braucht sehr große Fahrwerksschächte, um es im Flug zu verstauen. Baut man ein Fahrwerk dagegen möglichst klein und leicht und verwendet nur wenige kleine Hochdruckreifen, so drückt es am Boden mit wesentlich größeren punktuellen Lasten auf Startbahnen und Rollwege. Schlimmstenfalls muss ein Flughafen dann alle seine Startbahnen und Rollwege umbauen und vielleicht noch die zahlreichen Brücken über Autostraßen, Kabelschächte und Regenwasserkanäle an den kilometerlangen Rollwegen und Startbahnen verstärken.

Der nächste Punkt, über den sich die Konstrukteure schon ganz am Anfang klar werden müssen, ist die zulässige Spannweite. Viele Flughäfen, besonders in den großen Metropolen sind überfüllt und können nur sehr begrenzte Abstellflächen zur Verfügung stellen. Was nützte ein neues Flugzeug mit sehr schlanken, langen Flügeln und hoher Spannweite, das zwar für niedrige Verbrauchswerte wie aus dem Lehrbuch der Aerodynamik optimiert ist, aber am Ende auf keinem Flughafen mehr Parkplätze fände oder beim Rollen ständig mit seinen Flügelspitzen an Lichtmasten und andere Jets stieße?

Als die heutigen »Next-Generation«-Versionen von Boeings Erfolgsmodell 737 einen völlig neuen, Treibstoff sparenden Flügel erhielten, stieg ihre Spannweite gegenüber der Vorgängergeneration um immerhin 20 Prozent und sogar um 25 Prozent bei Ausrüstung mit Blended Winglets, also den nochmals Treibstoff sparenden »Eselsohren« an den Flügelspitzen. Für die frühe Boeing 777-200 entwarf Boeing sogar, wie bei Flugzeugträgerflugzeugen, hochklappbare Flügelspitzen, damit der Jet möglichst Platz sparend auf den engen Parkpositionen des New Yorker Stadtflughafens LaGuardia unterkommen sollte. Doch keine Airline bestellte diese exotische Option. Heute nutzt die 777 ihre Flügelspitzen lieber für zusätzliches Tankvolumen.

Die A380 beschränkt sich gegenüber der 747-400 auf einen Spannweitenzuwachs von 23 Prozent, während ihre Kapazität um 35 Prozent steigt. Schließlich soll ein Flugzeug möglichst auf die vorhanden Gate-Positionen an den Flughafengebäuden passen, damit die Abfertigung reibungslos klappt. Wenn die Bordtüren aber an ungewohnten Stellen oder in ungewohnten Höhen eingebaut sind, reichen vorhandene Fluggastbrücken und Treppen der Flughäfen nicht heran und viele Bodengeräte passen nicht mehr. Das Flugzeug soll aber nicht länger als die bisherigen Modelle brauchen, bis es entladen, gereinigt, versorgt, betankt, beladen und wieder in der Luft ist. Also muss jeder neue Jet zur vorhandenen Infrastruktur passen. Selbst wenn die Ingenieure die Konstruktion mit einem weißen Blatt Papier beginnen, unterliegen sie bereits diesen strengen Vorgaben.

Ein Flugzeugmuster, das bei seiner Einführung eine wahre Revolution darstellte und deshalb viele der oben genannten Vorgaben nicht erfüllte, war die Boeing 747. Der damalige Jumbo Jet mit zunächst 375 Sitzen war wesentlich größer, als das bis dahin größte Verkehrsflugzeug, die Boeing 707-300 für 189 Passagiere. Viele Flughafengebäude waren mit den Passagier-, Gepäck- und Frachtmassen des Jumbos überfordert und mussten umgebaut werden. Zum Beispiel auch der seinerzeit gerade für die Boeing 707 optimierte Frankfurter Rhein/Main-Flughafen. Auch wenn sich das Jumbo-Format im heutigen Zeitalter des Mas-

Neue Cateringfahrzeuge wurden vor ihrem Einsatz an einer A380-Attrappe getestet.

2007 kam die A380 zu Kompatibilitätstests auch zum Flughafen München Franz-Josef-Strauß.

senluftverkehrs sehr bewährt hat, erinnern sich viele Flughäfen noch deutlich an seine für sie sehr kostspielige Einführung Anfang der siebziger Jahre. Für die A380 galt deshalb nach den Erfahrungen mit der 747 die Vorgabe, dass sie nicht viel größer als ihre Vorgängerin ausfallen dürfe. Deswegen beschränkt sich die A380 auf einen wesentlich bescheideneren Kapazitätszuwachs von 35 Prozent, stellt also eine Evolution statt einer Revolution dar. Statt 413 Gästen, die in modernen Jumbos befördert werden, nimmt sie typischerweise 555 Gäste mit, in Dreiklassenausführung mit großer Business Class sogar nur 520 Passagiere. Der gemäßigter Größenzuwachs von den 70,7 Metern Länge einer 747-400 auf 72,7 Meter Länge der A380, lässt sich mit den heutigen Flughafengebäuden und Flächen abfertigen und lässt noch Spielraum für zukünftige, verlängerte Versionen der A380. Auf Wunsch der Flughäfen begnügt sich die A380 mit einer Standfläche von 80 mal 80 Metern bei 80 Fuß (das sind 24,1 Meter) Leitwerkshöhe. Damit passt sie grundsätzlich auf die meisten Abstellflächen der weit verbreiteten Boeing 747.

Allerdings mussten die Ingenieure dafür auf eine aerodynamisch wünschenswerte und Treibstoff sparende noch höhere Spannweite verzichten. Die Flügel der A380 sind deswegen mit 79,6 Metern (747-400: 64,5 Meter) gut 15 Meter kürzer und dafür etwas breiter, als man sie im Idealfall konzipiert hätte, damit sie noch in die vorgegebene 80-Meter-Box passen. Durch die weniger exotischen Bodenmaße steigen aber im Gegenzug die Einsatzmöglichkeiten und die Verkaufschancen des Flugzeuges. Aber die Flughäfen sind beim Thema A380 nicht etwa nur Bremser, sondern auch aktive Befürworter. Denn mit Hilfe des Riesenflugzeuges können sie mit geringen Investitionen ihre Kapazität erhöhen.

Willy Pierre Dupont, Direktor für Infrastruktur und Umwelt beim A380-Programm, erläutert: »Ohne A380 müsste man das Luftverkehrswachstum durch den Aufbau komplett neuer, zusätzlicher Infrastruktur bewältigen. Das bedeutet aber hohe Kosten und sehr lange Planungszeiträume. Mit der A380 können wir auf jeder vorhandenen Abfertigungsposition mehr Passagiere unterbringen, und wir nutzen alle Slots optimal mit der höchstmöglichen Passagiermenge aus. Die spezifischen Umbaukosten für die A380 sind verschwindend gering, wenn man sich die Gesamtkosten für Flughafenumbauten ansieht. Typischerweise liegen sie unter zwei Prozent der Gesamtsumme. In New York wird der JFK-Flughafen zum Beispiel binnen zehn Jahren für zehn Milliarden Dollar grundrenoviert. Der A380-Kostenanteil liegt hier bei nur rund 100 Millionen Dollar.« Außerdem rechnet Dupont vor, dass die Flughäfen an der großen A380 auch besonders gut verdienten. Flughafengebühren werden nach der höchstzulässigen Abflugmasse berechnet. Je schwerer ein Flugzeug ist, desto mehr Gebühren kassiere der Flughafen. Zudem erhöhe sich der Umsatz in den Flughafengeschäften, wenn plötzlich 35 Prozent mehr Passagiere in der gleichen Zeit durch die Ladenpassagen, Zeitungskioske und Restaurants schlenderten. Weil viele Flughäfen keine höhere Zahl an Flugbewegungen mehr verkraften könnten und oft keine Landreserven für räumliche Erweiterungen zur Verfügung stünden, sei die A380 sogar oft der einzige Weg, um überhaupt noch zu wachsen.

Auch wenn man die reinen Kosten betrachte, seien neue Flughäfen extrem teuer. Nach Berechnungen der Branchenorganisation »Airports Council International« (ACI) kostet der Bau einer neuen Startbahn zwischen 50 und 500 Millionen Dollar. Noch teurer wird es, wenn man die neue Piste auf einer künstlichen Insel im Meer baut. Neue Flughafenterminals schlagen mit 50 bis 200 Millionen Dollar zu Buche, pro einzelner Abfertigungsposition, versteht sich. Und schließlich muss man die Grundstücke für die benötigten Erweiterungsflächen noch erwerben. Ein Vorhaben, das in die Milliarden gehen kann.

Airbus-Manager Dupont zieht das Fazit: »Die A380 ist die Lösung mit den niedrigsten Kosten, wenn man auf das Luftverkehrswachstum reagieren will.« Nach Angaben des Experten hat Airbus die A380 von Anfang flughafenverträglich konstruiert. Schon seit 1996 bestünden Arbeitsgruppen mit Flughäfen, Fluggesellschaften und Behördenvertretern, um die Aspekte Flughafenbetriebs- und Bauvorschriften, luftseitige Abfertigung und Flugbetrieb zu optimieren. Über 60 Flughäfen hatten sich an diesem Dialog beteiligt, darunter alle potenziellen A380-Destinationen. Außerdem gehören ACI, die UN-Zivilluftfahrtunterorganisation ICAO und diverse Luftfahrtbehörden zu den Partnern. Bis zur Indienststellung der A380 trafen sich die Experten zweimal jährlich. Außerdem fanden gemeinsame Besuche von Airbus- und Airline-Vertretern auf Flughäfen statt.

Die Luftfahrtbehörden haben eigene Vorschriften für den Betrieb der ganz großen Flugzeuge erlassen: Sie heißen bei der ICAO »Annex 14 (Aerodrome Design), Code-F« und bei der amerikanischen Luftfahrtbehörde FAA »AC 150/5300, Group VI« und regeln von den vorgeschrieben Startbahnbreiten, bis zur Mindestausrüstung der Flughafenfeuerwehr für die Brandbekämpfung mit wesentlich größeren Schaum- und Wassermengen nach der neuen »Feuerwehr-Kategorie 10«, alle betrieblichen und baulichen Aspekte. Sie gelten sowohl für völlig neue Flughäfen, als auch für bestehende Airports, die für die A380 umgebaut werden. Bestehende Flughäfen können außerdem individuelle Sondergenehmigungen ihrer Flughäfen erhalten, so genannte »Waivers«. Deutschlands und Europas erster Verkehrsflughafen mit formeller Code-F-Zulassung war übrigens München Franz-Josef Strauß, der als Neubau von vornherein grundsätzlich auf den Betrieb sehr großer Flugzeuge ausgelegt wurde.

Über 60 Flughäfen weltweit sind heute bereits A380-tauglich. Zu den bereits zugelassenen gehören Bangkok, Bombay, Dubai, Dschidda, Doha, Kish Island, Johannesburg, Neu Delhi, Colombo, Singapur, Kuala Lumpur, Manila, Hongkong, Taipeh, Narita, Kansai, Incheon, Kanton und Peking. Manchester, London-Heathrow und -Gatwick, Paris Charles de Gaulle, Nizza, Rom-FCO, Zürich und Frankfurt haben ebenfalls die Zulassung erhalten. In Australien sind Sydney

Die schnellste Möglichkeit, eine A380 zu be- und entladen besteht darin, drei Passagierbrücken gleichzeitig anzudocken.

Wegen ihres Bugfahrwerks, das breiter ist als das der Boeing 747, benötigen die Bodendienste für die A380 neue Schleppfahrzeuge.

und Melbourne und in Neuseeland Auckland A380-tauglich. In den USA gehören Anchorage, San Francisco, Los Angeles, Miami, Washington-Dulles, New York-JFK zum Club der A380-Airports. In Kanada sind Toronto und Montreal vorbereitet, während Vancouver an der Westküste ebenfalls an der Zulassung arbeitet.

Weitere Flughäfen weltweit kommen hinzu. Die A380 wird vor allem die größten Drehkreuzflughäfen untereinander verbinden und typischerweise auf Routen verkehren, auf denen einzelne Airlines pro Tag schon heute mehr als zwei Jumbos füllen können, zum Beispiel von Frankfurt nach New York.

Lufthansa-Chef Wolfgang Mayrhuber erwartet für seine laut revidiertem Plan im September 2009 zu liefernden und ab Ende 2009 einzusetzenden ersten vier A380 den ersten Einsatz von Frankfurt nach Peking und New York. Auch Miami gehört zu den Zielen, die die Lufthansa mit der A380 anfliegen will. London-Heathrow dürfte dagegen Europas wichtigstes A380-Drehkreuz werden. Fast alle nichteuropäischen A380-Kunden wollen ihre Hauptstrecken in die britische Hauptstadt auf den Riesenjet umstellen. Neben Singapore Airlines, die das Flugzeug bereits nach Heathrow fliegen lassen, gehören Emirates, QANTAS, Qatar Airways, Malaysia, Thai, Virgin Atlantic und Etihad zu den Gesellschaften, die mit A380 die britische Hauptstadt ansteuern werden. Im dicht beflogenen Heathrow gibt es keine freien Slots mehr. Den ganzen Tag landen Flugzeuge am laufenden Band auf den beiden Hauptstartbahnen. Wer hier zusätzlich landen möchte, muss einem Konkurrenten dessen Slots teuer abkaufen und jede der kostbaren Start- und Landezeiten möglichst gut, also mit dem größten verfügbaren Gerät, ausnutzen.

Paul Fairbaim, Strategiedirektor beim britischen Flughafenbetreiber BAA, dem auch Heathrow untersteht, zieht das Fazit: »Mehr Passagiere pro Flug zu befördern und mehr Verkehrsaufkommen ohne mehr Starts- und Landungen abzuwickeln kommt den Flughäfen, den Fluggesellschaften und der Umwelt zugute. Es ist richtig, für die A380 zu bauen.« Den Ausbau von Heathrow mit neuen Terminals, breiteren Rollwegen und Startbahnen für die Abfertigung der A380 lässt sich die BAA zwischen 2006 und 2013 über 850 Millionen Dollar kosten. Schon 2016 soll jeder achte Flug in Heathrow eine A380 sein. Wegen der im Vergleich zur 747 höheren Kapazität lassen sich rechnerisch dadurch zehn Millionen Passagiere pro Jahr zusätzlich befördern, ohne eine einzige zusätzliche Flugbewegung. An Heathrows neuem, dreistöckigen Pier vor Terminal 3 können vier A380 gleichzeitig abgefertigt werden. Auch Terminal 4 kann zwei A380 aufnehmen und das 2008 mit einem ziemlichen Chaos eröffnete eröffnende Terminal 5 wird die A380-Abfertigungspositionen an der Themse bis 2011 sogar auf 14 bringen. Drei Vorfeldpositionen kommen noch hinzu.

Auch Bill DeCota, Luftfahrtdirektor der New Yorker Hafenbehörde, der auch die drei großen Flughäfen John F. Kennedy (JFK), LaGuardia und Newark unterstehen, stimmt zu: »Das Erscheinen der A380 ist für JFK so wichtig, wie seinerzeit die 747. Es hat enorme wirtschaftliche Vorteile, ein Flugzeug wie die A380 in einem Markt wie unserem einzusetzen.«

Im praktischen Flugbetrieb kann die A380 auf ihrem Fahrwerk mit einer Spurbreite von 14,3 Metern (Boeing 747-400: 12,60 Meter), auch auf nur 45 Meter breiten Startbahnen (»Code E«) starten und landen, sofern auf jeder Seite 15 Meter befestigter Randstreifen zur Verfügung stehen. Eine reguläre Code-F-Startbahn für die A380 ist dagegen 60 Meter breit. Auch andere Code-F-Flugzeuge, wie die C-5 Galaxy und die An-124 werden seit Jahrzehnten problemlos auch von den schmaleren Code-E-Pisten eingesetzt. Wer die ersten A380 bei ihren Flugvorführungen auf den Luftfahrtmessen in Paris, Berlin, Farnborough und Dubai beobachtet hat, konnte sehen, dass sie in der Praxis auch mit schmalen Rollwegen und Startbahnen wie zum Beispiel in Le Bourget auskam. In der Flugerprobung landete sie für Tests des Autopiloten auch ohne Probleme auf dem kleinen südwestfranzösischen Flughafen Tarbes. Für das Rollen reicht der A380 ein nur 23 Meter breiter Taxiway. Allerdings müssen dann dessen Randstreifen, die so genannten »Shoulders«, auf jeder Seite auf 18,5 Metern Breite befestigt werden, denn die äußeren Hauptfahrwerke sind nur 4,35 Meter von der Rollwegkante entfernt. Beim Jumbo bleiben immerhin noch 5,20 Meter Sicherheitsabstand bis zum Rand. Wenigstens helfen der A380, wie schon der noch längeren A340-600, zwei Rollkameras unter dem Rumpf mit Blick auf das Bugrad und eine zweite Rollkamera im Seitenleitwerk, die über Flügel und Bug, damit die Piloten sicher um Kurven und Hindernisse manövrieren können. Die A380 kommt aufgrund ihrer Fahrwerksgeometrie übrigens etwas besser um Kurven, als die 777-300 und die lange A340-600, das heißt, ihre Hauptfahrwerke rollen auch in Kurven etwas dichter an der Mittellinie des Taxiways.

Die äußeren Triebwerke einer A380 hängen wesentlich weiter außen als die äußeren Triebwerke an einem Jumbo-Jet. Dadurch besteht die Gefahr, dass sie über unbefestigtem Untergrund, besonders bei eingeschaltetem Umkehrschub nach der Landung, Fremdkörper aufwirbeln oder einsaugen könnten. Airbus hat deshalb auf eine Schubumkehr an den beiden äußeren Triebwerken der A380 verzichtet und spart gleichzeitig Gewicht. Neben den bereits genannten Rollkameras hilft der A380 auch ihr relativ kurzer Radstand beim Manövrieren: Während bei der A380 Bug- und Hauptfahrwerk 28,5 Meter voneinander entfernt sind – die 747-400 kommt sogar mit nur 24,1 Metern aus – weist die »kleinere« Boeing 777-300 ganze 31,2 Meter auf. Das Cockpit der A380 liegt nur kurze 2,1 Meter vor dem Bugrad. Dadurch haben die Piloten eine bessere Orientierung beim Rollen. Jumbo-Piloten sitzen dagegen 2,3 Meter voraus, 777-300-Piloten sogar 3,6 Meter.

Die Bodenlast der A380 wird auf insgesamt 22 Räder verteilt. Je sechs Räder bilden die beiden zuerst aufsetzenden Hauptfahrwerke unter dem Rumpf, die von zwei weiteren Fahrwerksbeinen unter den Flügeln mit je vier Rädern unterstützt werden. Hinzu kommen die beiden Räder des Bugfahrwerks. Sollten später einmal schwerere Versionen der A380 hinzukommen, zum Beispiel die verlängerte A380-900, so kann, wie bei der A340-500 und A340-600, noch ein weiteres Räderpaar direkt unter dem Rumpf zwischen den Hauptfahrwerken eingebaut werden. Der Fahrwerksraum dafür wurde bereits vorgesehen und freigehalten. Dank ihrer guten Gewichtsverteilung liegt die

Der Changi-Airport in Singapur ist (noch) der Flughafen mit den meisten A380-Bewegungen im kommerziellen Liniendienst.

tankung. Die zugehörige Kontrolleinheit befindet sich an der Rumpfseite hinter dem Flügel. Unter dem Rumpfheck liegen schließlich noch die Anschlüsse für Frisch- und Abwasser. Auf der vorderen linken Rumpfseite steigen die Passagiere ein und aus.

Die beiden vorderen Kabinentüren im Hauptdeck entsprechen mit ihrer Höhe über dem Rollfeld und ihrem Abstand zueinander fast genau der Boeing 747. Dadurch verspricht man sich eine besonders einfache Nutzung von Parkpositionen mit doppelten Fluggastbrücken für Jumbos. Zwei Fluggastbrücken reichen der A380 zum Boarding und Deboarding. Die wichtigste Kabinentür ist, wie bei der 747, dabei die linke Hauptdecktür M2L, kurz vor dem Flügel. Durch sie betritt und verlässt die große Menge der Economy-Class-Passagiere das Flugzeug, um in den hinteren Teil des Hauptdecks zu gelangen. Die Gäste der Business Class sitzen bei den meisten Fluggesellschaften im Oberdeck. Sie erreichen ihre Plätze durch Tür M1L im Hauptdeck und besteigen das Oberdeck über eine breite, zweispurige Treppe innerhalb der A380. Schließlich fehlt noch die erste Klasse. Entweder ist sie im vorderen Teil des Hauptdecks oder im vorderen Teil des Oberdecks untergebracht. Letztere Variante verspricht eine bessere Ausnutzung der Hauptdeckfläche für Sitze der Economy Class. Die meisten Fluggesellschaften halten ihre endgültige Kabinenkonfiguration bis zu ihrer ersten Auslieferung geheim. Mehrere Airlines scheinen jedoch mit der Möglichkeit zu liebäugeln, alle Statuskunden von First- und Business Class durch Fluggastbrücken direkt ins 8,20 Meter hoch geleg ene Oberdeck einsteigen zu lassen. Hierfür würde die auf Höhe der Flügelvorderkante liegende erste Oberdecktür U1L auf der linken Seite benutzt.

Alternativ können Flughäfen mit so genannten Over-Wing-Brücken, also Fluggastbrücken, die so lang sind, dass sie über den Flügel reichen, auch einen direkten Zugang in die Hauptdecktür M4L hinter dem Flügel ermöglichen. Der Flughafen Amsterdam-Schip-

Im Oktober 2006 landete erstmalig ein Airbus A380 auf dem Flughafen Frankfurt.

hol hat bereits 1972 diesen Brückentyp eingeführt und erst 2001 sieben weitere Brücken dieses Typs für die Boeing 747 in Betrieb genommen. Ein direkter Zugang zu Tür M4L, plus einer vorderen Tür, würde den Passagierwechsel nochmals beschleunigen und gilt als ideale Andockposition. Allerdings verfügen nur wenige Flughäfen über diesen sehr aufwändigen Brückentyp. Schließlich ist noch die hintere Hauptdecktür M5L übrig. Sie dient bei Bedarf auch als Ausgang zu Vorfeldtreppen, über die Passagiere mit Bussen zum Terminal gebracht werden können.

Auch für die Versorgungsfahrzeuge stellt die A380 neue Herausforderungen: An der rechten ersten Oberdecktür U1R, legt der Hubcontainer für die Oberdeckküche an. Dieser große Hubwagen muss haarscharf und nur 1,10 Meter seitlich vom inneren Triebwerk Nr. 3 entfernt, 2,69 Meter vor der A380-Bordwand halten und hat nur sehr wenig Platz neben dem direkt parallel parkenden weiteren Küchenfahrzeug für die vordere Hauptdeckküche eine Etage tiefer, neben dem wiederum die vordere Frachthubbühne steht. Um die komplizierten Arbeitsabläufe dieser drei Fahrzeuge praktisch zu erproben, hat Airbus eigens eine Attrappe des vorderen Rumpfes in Originalgröße auf dem Werksgelände in Toulouse aufgebaut. Airbus hat dabei mit den Fluggesellschaften Air France, Emirates, QANTAS, Singapore, Virgin, Malaysia und Lufthansa sowie den Herstellern Koegel, Kamag, FFG, Doll, Beilhack, Sovam, UMW, Byron, Bardawil, AMSS; Inutsuka, Smith, Saxon und TLD zusammengearbeitet. Die japanische Firma Inutsuka verfügt als Hersteller von Vorfeldfahrzeugen in Tokio sogar über eine eigene Oberdeck-Türattrappe der A380. Auch die Cateringfirmen LSG, Gate Gourmet, Alpha, Cara, Servair, QANTAS Flight Catering, Emirates Abela und SATS (SIA) haben, wie auch die Organisationen ISO, IATA und BAA mitgearbeitet.

Deutschlands wichtigster Verkehrsflughafen für die A380 wird der Rhein-Main-Flughafen in Frankfurt sein. Hier wird Lufthansa ab Ende 2009 ihre 15 A380 beheimaten und in einer neuen 350 Meter langen, 140 Meter breiten und 45 Meter hohen Werfthalle für gleichzeitig vier A380 auf der Südseite des Flughafengeländes mit drei weiteren A380-Parkpositionen auf dem Werftvorfeld warten. Das Werftgelände ist 25 Hektar groß. Die Werft sichert beziehungsweise schafft bis 2015 rund 2000 Arbeitsplätze im Rhein-Main-Gebiet. Der Frankfurter Flughafen gehört mit 54,167 Millionen Passagieren im Jahr 2007 zu den zehn größten Airports der Erde und weist mit 53 Prozent den höchsten Umsteigeranteil unter den Passagieren aller europäischen Flughäfen auf. Frankfurt hat sein 1994 eröffnetes Terminal 2 bereits auf die A380 vorbereitet. Die nördliche Landebahn mit ihren Rollwegen ist A380-tauglich. Am Terminal 2 werden bis zu fünf A380-Positionen zur Verfügung stehen. Jeweils drei Fluggastbrücken werden dort den gleichzeitigen Passagierzugang zu zwei Hauptdeck- und einer Oberdecktür ermöglichen. Auch Lufthansa hat die Endpositionen ihres Terminalbereichs 1 für die A380 umgebaut, und schließlich plant die Fraport AG bereits ein drittes Terminal anstelle der aufzulösenden Air Base, das ebenfalls A380-tauglich werden soll.

Dieses Ballastfahrzeug entspricht dem Gewicht einer voll beladenen A380.

Als zweites Lufthansa-Drehkreuz rechnet sich auch München Chancen aus, eigene A380-Verbindungen zu erhalten. Zunächst sind zwei gebäudenahe Abfertigungspositionen am Lufthansa-Terminal 2 für den Riesen vorgesehen. Auch am »klassischen« Terminal 1 gegenüber wird mindestens eine Gebäudeposition für die A380 vorbereitet. Hier könnte A380-Großkunde Emirates einmal mit seinen Exemplaren landen. Hinzu kommt eine bereits vorhandene A380-Parkposition im nordwestlichen Vorfeldbereich, unweit des Besucherhügels, auf der heute öfter A340-600 abgestellt werden. Selbst an die Wartung haben die Münchner schon gedacht. Sollte es ein Kunde wünschen, ließe sich später der äußerste westliche Hangar, dort, wo heute die bayerischen Polizeihubschrauber untergebracht sind, für die A380 aufrüsten.

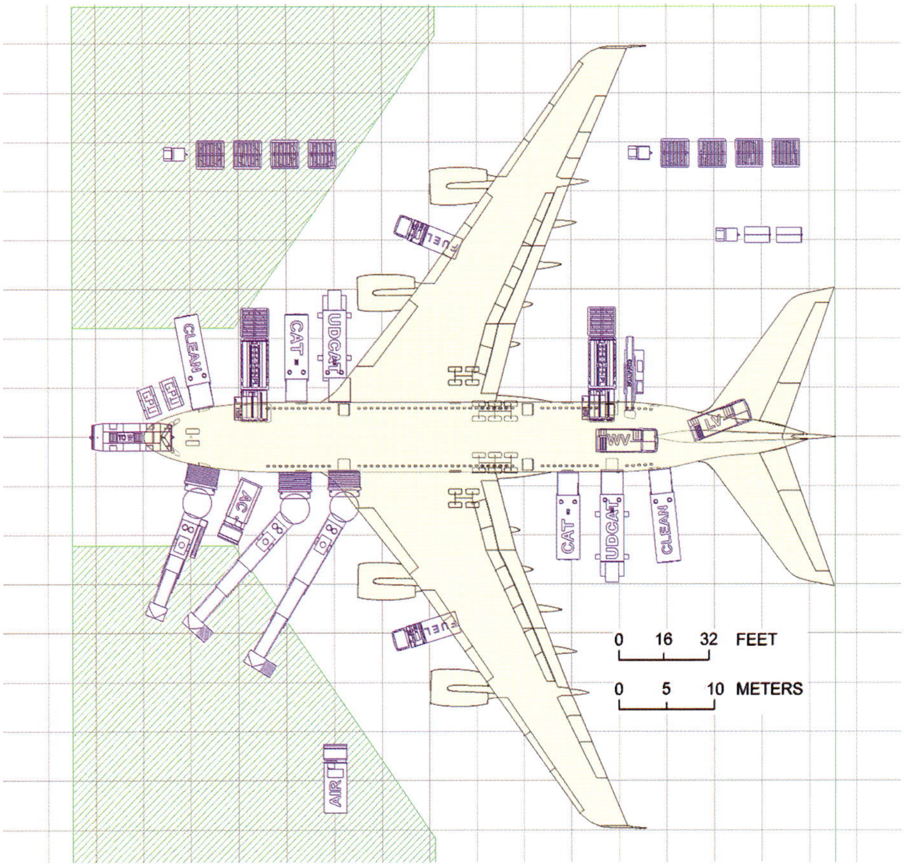

Das Geheimnis schneller Umdrehzeiten: Kein Abfertigungsfahrzeug darf einem anderen im Weg stehen.

Nicht zu vergessen ist Hamburg-Finkenwerder. Immerhin wird jede A380 – außer den beiden ersten Testexemplaren – hier lackiert und innen ausgestattet. Der weltweit größte A380-Flughafen wird allerdings Dubai. Das Drehkreuz von Emirates wird die Heimat von mindestens 58 Exemplaren der arabischen Fluggesellschaft. Nicht weniger als 37 gebäudenahe Positionen sind für die Abfertigung der A380 geeignet.

Ein heute bei Flugzeugen fast schon alleine Kauf entscheidender Punkt ist der Fluglärm. Zu laute Flugzeuge unterliegen auf vielen Flughäfen Einschränkungen bei den Betriebszeiten und lassen sich besonders im Langstreckeneinsatz nicht rentabel einsetzen, denn sie müssen rund um die Uhr in der Luft sein. Einer der wichtigsten A380-Flughäfen für den Erstkunden Singapore Airlines ist London-Heathrow, wo künftig die strengsten Lärmstandards (»QC2« für Starts und »QC1« für Landungen) der Welt gelten werden. Nur wenn die A380, voll beladen und voll betankt zum Langstreckenflug nach Singapur, beim Start innerhalb der Londoner Lärmlimits bleibt, kann sie auf dieser Hauptstrecke eingesetzt werden. Deswegen tauschte Airbus schon zu Beginn der Konstruktionsphase eigens die A380-Triebwerke gegen eine neue Version mit von 2,80 auf 2,94 Metern vergrößertem und leicht verlängertem Lufteinlauf aus, der weniger Lärm verursacht. Konstrukteur Jürgen Thomas, der Vater des A380-Konzepts, erklärt dazu: »Die A380 ist das erste Flugzeug, wo wir Verbrauch zugunsten von Lärmvermeidung geopfert haben.« Thomas beziffert den Kraftstoff-Mehrverbrauch durch die größeren, weniger strömungsgünstigen und nun über drei Tonnen schweren Triebwerke auf immerhin ein Dreiviertelprozent. Für Ingenieure, die um jedes halbe Prozent ringen, ist das schon ein enormer Wert. Aber nicht nur London, auch der Rest der Welt verschärft seine Lärmstandards. Die ICAO hat bereits die Anforderungen der künftigen Chapter-4-Lärmgrenzen angekündigt. Sie liegen 10 dB unter den heute strengsten Chapter-3-Lärmgrenzen. Besonders herausfordernd für die A380 ist, dass die Lärmlimits (Chapter -3 und -4) mit der Flugzeuggröße steigen, jedenfalls bis zur Masse einer 747-400. Darüber wird die bis dahin steil ansteigende Linie zum konstanten Lärmlimit: So schwer ein Flugzeug auch wird, lauter als eine 747-400 darf es nicht mehr werden. Die Lärmwerte gehören zum Zertifizierungsverfahren. Gemessen wird der Abfluglärm nach ICAO Annex 16 bei höchstzulässiger Landemasse und bei der ungünstigsten, also lärmintensivsten Konfiguration mit ausgefahrenem Fahrwerk, ausgefahrenen Vorflügeln, ausgefahrenen Landeklappen und gegebenenfalls Landescheinwerfern 2000 Meter vor dem Aufsetzpunkt unter einem Drei-Grad-Gleitweg. Beim Start muss das Flugzeug mit höchster Startmasse und höchster Leistungseinstellung abheben und dann wird der steile Anfangssteigflug vor dem so genannten »Cutback« aus 450 Metern seitlichem Abstand vermessen. 6500 Meter hinter dem Punkt, an dem die Bremsen gelöst wurden steht unterhalb des Flugweges ein weiteres Mikrofon. Es misst den Überfluglärm bei Steigleistung. Die Lärmentwicklung eines Flugzeuges reduziert man nicht nur durch die Größe der Lufteinläufe. Die verwendeten modernen Triebwerke Rolls-Royce Trent 900 beziehungsweise GP7200 der Engine Alliance sind durch ihr hohes Nebenstromverhältnis grundsätzlich lärmarm. Durch die Form der Turbinenblätter und ihre Abstände sowie durch eine schallschluckende Innenverkleidung des Triebwerks kann man die Lärmemission nochmals reduzieren. Alleine die Beruhigung der Strömung im Lufteinlauf bringt 2 dB(A) Lärmverminderung. Auch Rumpf und Flügel bieten zahlreiche Möglichkeiten zur Lärmreduzierung. An einem landenden Flugzeug kann der aerodynamische Lärm, also jene Geräusche, die der Fahrtwind verursacht, nochmal so laut wie die Triebwerke sein. Deswegen werden die Landeklappen und Flügelspitzen auch im Hinblick auf ihre Lärmentwicklung optimiert. Schließlich kann man noch die Steigleistung des Flugzeuges mit Hilfe des Flight Management Systems (FMS) im Cockpit verbessern, damit das Flugzeug bei jedem Start mit optimalem Steigprofil und minimaler Lärmabgabe klettert.

Auch beim leisen Landen kann das FMS helfen, etwa indem es automatisch eine besonders günstige niedrige Anfluggeschwindigkeit mit geringer Triebwerksleistung und Lärmabgabe hält. Die A380 wird mit der so genannten NADP-Funktion des FMS ständig und automatisch lärmarme Steig- und Sinkflugprofile einhalten. Dabei berücksichtigt der Computer die aktuellen Wetterbedingungen, Flughafenverhältnisse, individuellen Lärmschutzgebiete und das Gewicht des Flugzeuges. Zunächst strebt der Computer nach dem zügigen Abheben nach einem steilen Anfangssteigprofil. Dabei steht der schnelle Höhengewinn im Vordergrund. Auf den nächsten rund 20 Kilometern Flugstrecke klettert das Flugzeug bei stark reduzierter Steigleistung und geringer Lärmemission nur noch langsam. Erst am Ende, nun ist man hoch genug, um am Boden nicht mehr zu stören, geht es wieder mit mehr Leistung und Steiggeschwindigkeit auf die endgültige Reiseflughöhe. Im Ergebnis aller genannten Bemühungen ist die A380 vier dB leiser als die 747-400. Das entspricht einer subjektiven Halbierung des Fluglärms. Der »Noise-Footprint«, also der A380-Lärmabdruck am Boden entspricht trotz 560 Tonnen Masse nur dem einer mit 275 Tonnen wesentlich leichteren A340-300. Wer einen Start einer A380 auf einem Verkehrsflughafen oder bei einer der Luftfahrtmessen, auf denen das Flugzeug vorgeflogen wurde, aus nächster Nähe miterlebt hat, kann bestätigen, dass es hier nicht nur um akademische Messwerte geht, sondern dass hier eine ganz praktisch auch für Laien sofort hörbare nennenswerte Lärmreduzierung gelungen ist.

Der Flughafen von Hongkong ist einer der modernsten Airports weltweit. Er ist natürlich A380-tauglich.

Nach Produktionsbeginn auf Eis gelegt

Die Frachtversion der A380

Der A380-Frachter wird eine höhere maximale Abflugmasse aufweisen als die Passagierversion. Wann er gebaut wird, steht allerdings noch nicht fest.

Das A380-Programm war von Anfang an als Familienprogramm ausgelegt. So waren zum Beispiel in der Grundauslegung konstruktive Vorkehrungen für eine A380 getroffen, die als Kurzstreckentransporter im innerjapanischen Flugverkehr eingesetzt werden kann. Nach der Passagierversion A380-800 wurde als nächstes die Frachtversion A380F konstruiert. Schon Mitte 2008 sollte der Frachter-Erstkunde FedEx seinen ersten A380-Vollfrachter übernehmen, um im August 2008 mit regulären Einsätzen zu starten. Soweit kam es jedoch nicht.

Die A380F, genau genommen A380-800F, wurde parallel zur Passagierversion gelauncht, also als offizielles Flugzeugprogramm gestartet. Sie ist nicht etwa nur eine fensterlose Ausführung ihrer Passagierschwester, sondern ein technisch veränderter, schwererer Entwurf, der eines Tages auch technische Impulse für Passagierversionen mit erhöhter Abflugmasse geben sollte. Umgekehrt nahm auch die anfängliche Passagier-A380 Rücksicht auf ihren späteren großen Bruder und nutzte von Anfang an einen betont großen Flügel, der auch an die Wachstumsversionen passen soll. Wegen der höheren Belastung ihrer Struktur durch das schwere Fracht-Ladegut sollte die A380F über einen geringeren Anteil von GLARE im oberen Rumpfschalenbereich verfügen und stattdessen einen erhöhten Anteil von festeren Bauteilen aus Aluminium-Lithium erhalten. Der zunächst erst für die A380F geplante zentrale Flügelkasten aus Kohlefaser wurde bereits von Anfang an in der Passagierversion eingebaut, um Gewicht zu sparen.

Die schwere Frachtversion A380F sollte auch den Passagiervarianten zukünftige Wachstumsperspektiven eröffnen: Entweder eine Version A380-900 mit verlängertem Rumpf oder eine A380-800R (»Range«/ Reichweite), die mit Hilfe von Zusatztanks auch extreme Langstrecken bewältigen könnte. Airbus hat bis 2010 ausreichend Arbeit mit dem Produktionshochlauf der A380. deswegen wird es bestimmt nicht in Kürze einen Programmstart weiterer A380-Versionen geben. Trotzdem meldete Großkunde Emirates schon 2004 Interesse an: Man könne auf einigen Hauptstrecken bereits eine vergrößerte A380-900 mit Passagieren füllen. Die A380 lässt sich um bis zu 100 Sitze verlängern, ohne die Vorgabe von 80-Metern Maximallänge zu verletzen. Die neu gebaute A380-Lackierhalle in Hamburg könnte sogar 90 Meter lange Flugzeugrümpfe mit Farbe versehen. Ebenfalls Zukunftsmusik für lange Jahre ist die verkürzte A380-700, die dichter an der Boeing 747 positioniert wäre. Verkürzte Flugzeuge schleppen aber immer viel Gewicht durch ererbte Teile ihrer großen Schwesterversionen mit. Deswegen ist es eine besondere Herausforderung, dabei die Wirtschaftlichkeit gegenüber dem Original nicht zu verschlechtern. Ob diese Version jemals kommen wird, erscheint aus heutiger Sicht mehr als fraglich, denn die verkürzte Boeing 747 für extreme Langstrecken, die 747SP, war auch nicht sonderlich erfolgreich.

Seit 1996 hatte Airbus die A380F in Zusammenarbeit mit großen Frachtfluggesellschaften entwickelt. Zum Kreis der Gesprächspartner gehörten Atlas Air, Air France, Cargolux, Emirates, Eva Air Cargo, FedEx Express, Japan Air Lines, Korean Air, Lufthansa, Malaysia, Nippon Cargo Airlines, Singapore Airlines und United Parcel Service. Der A380-Frachter ist für die Beförderung von 150 Tonnen Nutzlast ausgelegt. Außerdem schafft er 5600 Nautische Meilen (10 371 Kilometer Reichweite). Diese Reichweite ermöglicht der A380F auf dem Weg von Asien in die USA Nonstop-Transpazifikflüge ohne die bisher für Frachter übliche Zwischenlandung in Anchorage, im US-Bundesstaat Alaska. Dafür wurde ihre maximale Startmasse (MTOM) konstruktiv von 560 Tonnen (A380-800-Passagierverison) um rund 30 Tonnen auf 590 Tonnen erhöht. So lag die A380-800F schon fast gleichauf mit dem sechsstrahligen russisch-ukrainischen Rekordflugzeug und Raumfährentransporter Antonow An-225, der, als Hand gefertigtes Einzelstück, sogar 600 Tonnen MTOM schafft.

Der eigentliche Trumpf der A380-800 sollte neben der möglichen Maximalreichweite aber vor allem ihr enormes Frachtraumvolumen werden: Mit 1100 Kubikmetern nutzbaren Frachtraumvolumens lagen die Europäer nach Airbus-Angaben 50 Prozent über dem Konkurrenzmodell 747-400F. Allerdings verfügte der A380-Frachter nicht, wie seine Konkurrentin aus Seattle, über eine große, hochklappbare Bugfrachtluke zur Beladung mit großem Ladegut. Die A380 sollte ausschließlich über seitliche Türen beladen werden, eine im Oberdeck, eine im Hauptdeck und zwei im herkömmlichen Unterdeck, das ja bereits von der Passagiervariante bekannt ist. Dafür sollte die seitliche Frachttür im Hauptdeck hinter dem Flügel mit 4,27 Metern Breite und 2,61 Metern Höhe ganze 86 Zentimeter breiter, als die Seitentür der 747-400F. Die Oberdeckfrachttür hinter dem Bug war mit 3,68 Metern Breite und 2,23 Metern Höhe ebenfalls großzügig bemessen.

FedEx Express hatte die A380F zunächst bestellt, stornierte die Bestellung nach den Verzögerungen durch die Kabelkrise aber.

Im vorderen Oberdeck sollen Fenster für mitreisende Kuriere und anderes Fracht-Begleitpersonal eingebaut werden.

Abflugmasse, so kommt man bei der 747-400F auf ein Verhältnis von 0,58, bei der A380F aber nur auf 0,52.

Der 845 Quadratmeter große Flügel der A380F mit 79,8 Metern Spannweite hätte dem Frachter auch dabei geholfen, möglichst schnell auf wirtschaftliche Flughöhen zu klettern. In 26 Flugminuten oder nach knapp 300 Kilometern Flugstrecke sollte eine A380F mit Trent-Triebwerken auf ihre Reiseflughöhe von 10 058 Metern steigen. Auch mit Engine-Alliance-Triebwerken hätte sie nur 28 Minuten und 326 Streckenkilometer benötigt. Ein Frachtjumbo braucht zum Vergleich 43 Minuten und 581 Kilometer, bis er nach einer Zwischenstufe ebenfalls auf Flugfläche 330 ankommt. Auf einem 7400-Kilometer-Beispielflug hätte die A380F 18 Prozent weniger Kerosin gebraucht, um eine Tonne Fracht zu befördern. Airbus verspricht auch heute noch gegenüber der 747-400F bis zu 20 Prozent niedrigere direkte Betriebskosten für die A380F.

Eine der Achillesversen großer Frachter ist ihre Abfertigung: Die Antonow An-225 kann wegen ihrer riesigen Spannweite nur auf extra ausgewiesenen Standflächen parken und der Fracht-Jumbo braucht, sofern es sich nicht um ein nachträglich umgerüstetes Exemplar ohne Bugklappe handelt, eine eigene Standposition mit Bugfrachtdock. Auch die A380F stellt – wenn sie in Zukunft kommen sollte – Extraforderungen: Sie benötigt einen neuen Hubbühnentyp, der die bis zu 4,4 Tonnen schweren Frachtcontainer auf 7,2 Meter Höhe ins Oberdeck stemmen kann. Diese Oberdeckhubbühne ist wie das Oberdeckküchenfahrzeug der Passagier-A380 das einzige neue Fahrzeug, das extra für die A380 entwickelt werden muss. Wegen der fehlenden Passagiere geht es bei der Abfertigung eines Frachter ruhiger zu: An den beiden großen Frachttüren auf der linken Rumpfseite steht jeweils eine große Hubbühne, vor der die Frachtcontainer angeliefert werden. Große Küchenwagen für die Passagiere sind nicht erforderlich. Auf der rechten Rumpfseite wird das Unterdeck über zwei Hubbühnen beladen. Im unteren Heckbereich gibt es schließlich noch den Stückgutstauraum, der per Förderband be- und entladen wird. Hier verstauen Crew und Mitflieger ihre großen Koffer.

Die A380F soll durch seitliche Frachttore im Haupt- und Oberdeck be- und entladen werden.

Es ist kein Zufall, dass mit FedEx ein Expressfrachtriese Erstkunde der A380F wurde und zehn Exemplare bestellte. FedEx war damit ebenfalls der erste A380-Kunde aus den USA. Auch das amerikanische Leasingunternehmen ILFC bestellte fünf A380-800F, A380-Großkunde Emirates zwei und, im Januar 2005, UPS zehn Exemplare. Alle Kunden der A380F hatten sich für das GP720000-Triebwerke der Engine Alliance entschieden. Im Spätsommer 2005 lagen insgesamt 154 Bestellungen von 15 Kunden in drei Airline-Allianzen für die A380 vor. Davon entfielen 27 Bestellungen oder 18 Prozent auf die A380F.

Nachdem in Toulouse am 1. September 2004 die Detailkonstruktionsphase der A380F begonnen hat, begann am 12. April 2005 mit dem so genannten »First Metal Cut« im Airbus-Werk in Nantes an der französischen Atlantikküste auch die Metallbearbeitung für den eigentlichen Bau. Auch die Teilefertigung für den Frachter lief. Die Frachter-Endmontage sollte im dritten Quartal 2006 mit dem ersten Exemplar MSN037 starten. Auch dem zweiten Frachter war schon eine Seriennummer zugeordnet worden, nämlich die MSN053. Er sollte dem Serienstand entsprechen und das Zulassungsverfahren abschließen. MSN037 sollte nach den ursprünglichen Plänen Mitte 2007 zum Erstflug starten. Doch schon Anfang 2007 zeichnete sich das vorläufige Ende des Frachters ab. Nachdem erhebliche Verzögerungen bei der Auslieferung an FedEx drohten, stornierte das Unternehmen seine Bestellungen und kaufte stattdessen bei Boeing Frachtflugzeuge des Typs Boeing 777 und Boeing 747-8F. Daraufhin schloss Airbus mit UPS einen Vertrag, der beiden Seiten einen Ausstieg aus dem Programm ermöglichte, von dem Airbus am 1. März 2007 auch Gebrauch machte. UPS war überrascht und kündigte seine Bestellung ebenfalls. Airbus benötigte die Ingenieure, die am Frachter gearbeitet hatten, um die Probleme bei der Passagierversion zu lösen. Emirates wandelte ihre Aufträge für den Frachter in solche für Passagierflugzeuge um.

Zwar liegen damit keine Aufträge für die Frachtversion der A380 vor, aber offiziell bietet Airbus den Frachter nach wie vor an. Allerdings gibt es keinen Zeitplan für die Verwirklichung des Projekts. Deswegen ist es auch fraglich, ob der Frachter – wenn er denn kommt – in der ursprünglichen Konfiguration verwirklicht wird oder ob die potenziellen Kunden eine andere Auslegung fordern. Airbus-Verkaufschef John Leahy sagte im Gespräch mit einem der Autoren dieses Buches auf der Singapore Airshow im Februar 2008, die A380F sei auf keinen Fall tot. Sie liege nur auf Eis und werde auf jeden Fall weiterverfolgt. Der Bedarf für ein Flugzeug dieser Größenordnung im Frachtmarkt sei definitiv vorhanden. In den nächsten 20 Jahren würden mindestens 400 A380-Frachter benötigt, um das erwartete weltweite Luftfrachtaufkommen zu bewältigen.

Die größten Flugzeuge der Welt

Rekordhalter unter sich

Die Lufthansa hat von der neuesten Jumbo-Version Boeing 747-8 Intercontinental 20 Exemplare fest bestellt.

Der Airbus A380 ist ein Flugzeug, das mit vielen Superlativen aufwarten kann: So ist er zum Beispiel mit einer typischen Bestuhlung von 555 Sitzen das größte Passagierflugzeug der Welt. Er ist mit einem Startgewicht von rund 560 000 kg auch mit Abstand das schwerste Verkehrsflugzeug der Welt. Auch den Titel des leisesten Airliners seiner Klasse hat die A380 erobert, was die Flughafen-Anwohner freut. Die Vorstände der Fluggesellschaften dürften sich über den Rekord freuen, dass das Flugzeug mit einem Treibstoffverbrauch von rund drei Litern pro Passagier und Kilometer zu den effizientesten Exemplaren der Gattung Verkehrsflugzeug gehört. Und die Passagiere dürfen sich in der A380 über den meisten Platz pro Passagier freuen – vorausgesetzt, sie steigen bei der richtigen Fluggesellschaft ein.

Aber die A380 schafft es nicht in allen Disziplinen auf den ersten Platz. Der »Superbus« ist beispielsweise nicht das größte Flugzeug der Welt. Dieser Titel gehört der russisch-ukrainischen Konstruktion Antonow An-225 Mrija (Traum). Mit einer Startmasse von 600 000 kg ist der sechsstrahlige Riese auch das schwerste Flugzeug der Welt. Diesen Titel wird die An-225 wahrscheinlich erst an eine gestreckte Version der A380, die A380-900, abgeben müssen, wenn sie eines Tages gebaut wird. Die Mrija wurde ab 1985 geplant und sollte für das sowjetische Raumfahrtprogramm außergewöhnlich schwere und voluminöse

Lasten – darunter auch die Weltraumfähre Buran – transportieren. Antonow-Chefkonstrukteur Pjotr Balabujew ist der geistige Vater der An-225, er konstruierte den außergewöhnlichen Riesen, der über eine Spannweite von 88,40 Metern verfügt. Als Passagierflugzeug würde der Gigant damit an kein Flughafengate passen, denn die größten Parkpositionen an den Terminals sind nur für Spannweiten von maximal 80 Metern ausgelegt. Deswegen hat sich Airbus bei der Konstruktion der A380 auch auf eine Spannweite von 79,60 Metern beschränkt. Die An-225 ist als Schulterdecker ausgelegt und hat ein Fahrwerk mit 32 Rädern! Das Hauptfahrwerk besteht aus 14 einzeln aufgehängten Einheiten mit je zwei Rädern und das absenkbare Bugfahrwerk hat vier Räder.

Konstruktiv baut die An-225 auf der An-124 Ruslan auf, von der sie die generelle Auslegung und den Rumpfquerschnitt übernahm. Allerdings ist der Rumpf der Mrija deutlich länger, und die Tragflächen haben eine größere Spannweite, müssen sie doch die beiden zusätzlichen Progress D-18T-Turbofans aufnehmen. Beladen wird die An-225 ausschließlich über das hochschwenkbare Bugtor, sie hat im Gegensatz zu ihrer kleineren Schwester An-124 keine Heckladerampe. Am 30. November 1988 stellte Balabujew den Riesentransporter der staunenden Öffentlichkeit vor, drei Wochen später, am 21. Dezember 1988 erhob sich der Gigant erstmalig in die Lüfte. Das Flugzeug stellte noch während der Flugerprobung einen Weltrekord nach dem anderen auf, darunter den Rekord für die höchste Abflugmasse, nämlich 660 Tonnen! Das sind immerhin 100 Tonnen mehr als die maximale Abflugmasse der A380-800. Die normale Nutzlastkapazität der Mrija beträgt 250 Tonnen. Auf der Luftfahrtausstellung in Le Bourget im Juni 1989 war das Auftauchen der An-225 eine Riesensensation – zumal die Mrija auf ihrem Rücken auch noch die Raumfähre Buran trug.

Nachdem das russische Buran-Programm eingestellt war, bestand zunächst kein Bedarf mehr an dem Riesen. 1994 wurde er abgestellt und eingemottet. Der Zusammenbruch der Sowjetunion ermöglichte es jedoch, das Flugzeug wieder zu entmotten und auf dem Weltmarkt als Transporter anzubieten. Seit dem 7. Mai 2001 ist die An-225 wieder im Dienst und fliegt für eilige Kunden außergewöhnliche Lasten. Die Mrija ist und bleibt allerdings ein Einzelstück und damit eine gewichtige Randnotiz der Luftfahrtgeschichte.

Die Boeing 747 ist der Maßstab, an der sich die A380 misst. Sie war mehr als drei Jahrzehnte mit ihren sieben Hauptversionen (Boeing 747-100, -200, -300, -400, -200F, -400F und SP) das größte und leistungsfähigste Verkehrsflugzeug der Welt. Eine Bestellung von 25 Boeing 747 durch Juan Trippe, den Präsidenten von Pan American World Airways, gab am 13. April 1966 den Startschuss für das größte Wagnis in Boeings Unternehmensgeschichte. Der in Seattle, im US-Bundesstaat Washington, beheimatete Luft- und Raumfahrtkonzern bot mit der 747 ein Flugzeug an, das die Dimensionen des Flugzeugbaus sprengte. Der Name »Jumbo Jet«, der beim Roll-out des neuen Flugzeuges am 30. September 1968 erstmalig genannt wurde, passte und blieb bis heute der Spitzname des Flugzeugs. Die Spannweite der ersten Jumbo-Version 747-100 betrug 59,64 Meter, die Rumpflänge 68,38 Meter und die Höhe 19,33 Meter. Das maximale Startgewicht war zunächst auf 322 Tonnen beschränkt. Mit der 747-100 legte Boeing den Grundstein für eine Erfolgsgeschichte ohne Gleichen. Seit dem Erstflug im Februar 1969 dominierte der immer wieder verbesserte Jumbo über 30 Jahre lang den Langstreckenverkehr.

Die 747 war für viele Fluggesellschaften ein großer Kapazitätssprung, den nicht alle Jumbo-Nutzer auch erfolgreich verkrafteten. Die Boeing 707-300 beförderte 189 Passagiere von A nach B. Um jedoch eine 747 zu füllen, mussten die Airlines 385 Tickets verkaufen. Dieser Kapazitätssprung revolutionierte den Luftverkehr in einer Art und Weise, wie es die A380 nicht schaffen wird, denn sie bietet nicht den Kapazitätssprung. Aber die Revolution hatte auch ihre Schattenseiten: Die große Kapazität ließ sich nur durch günstigere Flugpreise am Markt absetzen. Der Sprung von der 707 zur 747 war also deutlich höher und bedeutete ein größeres Risiko als beim Sprung von der 747-400 zum Airbus A380, wo die angebotene typische Passagierkapazität von 413 Sitzen pro Flugzeug bei der 747 auf 555 bei der A380 wächst.

Die Boeing 747 war eines der wichtigsten Produkte der Boeing Company und brachte dem Unternehmen gute Gewinne. Fast alle großen Fluggesellschaften der Welt haben die Boeing 747 in ihrer Flotte, Japan Airlines und British Airways hatten zum Teil sogar mehr als 50 Boeing 747.

Die erfolgreichste Jumbo-Variante ist die Boeing 747-400. Bei ihr hat Boeing das Flugzeug einer gründlichen Modernisierung unterzogen, was sich für das Unternehmen mehr als bezahlt gemacht hat. Erstbesteller der 747-400 war am 22. Oktober 1985 Northwest Orient Airlines. Europäischer Erstkunde war die niederländische KLM. Seitdem hat Boeing über 670 Bestellungen für die verschiedenen Versionen der 747-400 erhalten. Sie ist damit die erfolgreichste 747-Version. Ihre Leermasse beträgt je nach Ausstattung zwischen 260 und 286 Tonnen, die höchstzulässige Startmasse bis zu 397 Tonnen. Insgesamt hatte Boeing bis zum Juli 2005 genau 1294 Boeing 747 ausgeliefert. Das ist eine Zahl, die der Airbus A380 in den nächsten 30 Jahren gerne auch erreichen würde. Auf den dicht beflogenen Strecken zwischen den großen Drehkreuz-Flughäfen dieser Welt, wie London-Heathrow, New York John F. Kennedy, Paris Charles de Gaulle, Singapur Changi, Hongkong oder San Francisco wird die A380 in vielen Fällen die Boeing 747 ablösen. Denn auf einigen dieser Routen fliegen mehrfach am Tag Jumbo Jets, um die hohe Nachfrage zu bedienen. Kapazitätssteigerungen sind hier häufig nicht durch höhere Frequenzen, sondern nur durch größere Flugzeuge zu erreichen.

Boeing hat auf die A380 mit einer modernisierten und leicht gestreckten 747 geantwortet, der Boeing 747-8 Intercontinental. Es wäre ungewöhnlich gewesen, wenn Boeing Airbus im profitabelsten Marktsegment kampflos das Feld überlassen hätte. Die Boeing 747-8 Intercontinental hat eine Spannweite von 68,50 Metern, eine Länge von 76,40 Metern und eine Höhe von 19,50 Metern. Angetrieben von vier Triebwerken der neuesten Generation GENx-2B67, schafft sie eine

Die H-4 Hercules »Spruce Goose« von Howard Hughes ist mit 97,54 Metern das Flugzeug mit der größten Spannweite.

Reichweite von 8000 Nautischen Meilen, also 14 815 Kilometern. Die maximale Startmasse liegt bei 439 985 kg. In dieser Masse enthalten sind maximal 240 410 Liter Treibstoff. Nach Boeing-Angaben soll die 747-8 Intercontinental elf Prozent geringere Kosten pro geflogener Sitzmeile aufweisen als die A380. Bis Mitte 2008 hatte Boeing allerdings nur 67 Bestellungen für die 747-8 erhalten. 40 dieser Aufträge waren für Frachter, 27 für Passagiermaschinen, von denen wiederum nur die Lufthansa als Airline-Besteller aufgetreten war. Sieben Boeing 747-8 Intercontinental waren von sehr reichen Kunden bestellt worden, die diese Flugzeuge zu Privatflugzeugen umbauen lassen. Arik Air hat ebenfalls Interesse am Erwerb der 747-8 geäußert, aber bis zum Redaktionsschluss dieses Buches keine Bestellung für das Muster bei Boeing unterschrieben. Die Lufthansa blieb mit einer am 6. Dezember 2006 abgegebenen Bestellung über 20 Flugzeuge (plus 20 Optionen) der einzige Airline-Kunde für die 747-8 Intercontinental.

Trotz seiner großen Spannweite von 79,60 Metern ist der Airbus A380 auch in dieser Kategorie nicht Weltmeister. In dieser Disziplin erhält der neue Airbus sogar nur die Bronzemedaille. Silber hat sich die Antonow An-225 mit einer Spannweite von 88,40 Metern erobert, aber die Goldmedaille gebührt seit fast 60 Jahren einem Holzflugzeug! Howard Hughes, der exzentrische Lebenskünstler und Erfinder hatte im Zweiten Weltkrieg die Idee, ein riesiges Wasserflugzeug für Truppentransporte zu entwickeln. Da ihm keine strategischen Rohstoffe für das Flugzeug genehmigt wurden, konstruierte er seine Hughes H-4 Hercules (Spitzname: Spruce Goose) ganz aus Holz. Am Firmensitz von Hughes Aircraft, im kalifornischen Culver City, entstand zunächst ein riesiger Hangar, in dem das Flugzeug gebaut wurde. Der Krieg war jedoch schneller beendet als Hughes seine Konstruktion fertig stellen konnte. Eineinhalb Jahre nach der japanischen Kapitulation, die den Zweiten Weltkrieg beendete, schaffte Hughes die einzelnen Baugruppen des nun nicht mehr benötigten Flugzeuges zur Endmontage ins nahe gelegene Long Beach. Im Hafen von Long Beach nahm ein Trockendock die Sperrholz-Gans – so die deutsche Übersetzung von Spruce Goose – auf. Er war wie besessen von der Idee, dieses Flugzeug in die Luft zu bringen und finanzierte alle Arbeiten aus eigener Tasche. Schließlich konnte die montierte H-4 das Trockendock verlassen. Am 2. November 1947 ließ Hughes die acht Pratt & Whitney-Motoren an und beschleunigte das Flugzeug so lange, bis es auf Stufe kam. Bei einem weiteren Versuch am selben Tag hob die Spruce Goose bei einer Geschwindigkeit von rund 130 Stundenkilometern ab und flog in einer Höhe von rund zehn Metern fast zwei Kilometer weit. Dies war der einzige Flug der H-4. Hughes hatte Probleme mit seinen anderen Unternehmen und konnte sich um die Maschine nicht mehr kümmern. Wer die Spannweite der H-4 Hercules messen will, benötigt ein fast 100 Meter langes Maßband, das er 97,54 Meter abrollen muss, um von einer Tragflächenspitze zur anderen zu kommen. Kein anderes Flugzeug hat je eine größere Spannweite gehabt. Die Spruce Goose geriet erst in Vergessenheit, blieb aber erhalten. 1982 kam sie in einen eigens errichteten Rundhangar im Hafen von Long Beach. Ende der neunziger Jahre wurde sie verkauft und steht heute im Evergreen Air Museum im US-Bundesstaat Oregon.

Auch in einem weiteren Punkt, nämlich der Rumpflänge, hält die A380 nicht den Rekord, was angesichts der Doppeldeckauslegung des Flugzeuges nicht verwundert. Der Airbus A380 kommt auf eine Gesamtlänge von 72,70 Metern und wird sowohl von der A340-600 (Länge: 75,30 Meter) als auch von der Boeing 777-300ER (Länge: 73,90 Meter) übertroffen. Boeings Langstrecken-Zweistrahler ist nur 1,20 Meter länger als der vierstrahlige Airbus-Riese. Damit sind diese drei Typen die längsten Verkehrsflugzeuge der Welt. Wenn allerdings die heute schon angedachte, gestreckte Version der A380 eines Tages gebaut wird, verlieren die beiden Zweistrahler ihre Rekorde. Dann wird die A380 wahrscheinlich auch das längste Verkehrsflugzeug der Welt. Um allerdings das längste Flugzeug der Welt zu werden, müsste die A380 wiederum die An-225 schlagen, die von der Bugspitze bis zum hinteren Ende des Leitwerks 84 Meter misst.

Die Boeing 777-300ER (Foto) und die A340-600 übertreffen die A380 in puncto Rumpflänge.

Einen weiteren Rekord wird die A380 so schnell nicht schlagen, obwohl eine ihrer Versionen eines Tages sicher dazu die Kapazität haben dürfte: Den für den Flug mit den meisten Passagieren an Bord. Der Rekordflug hat einen tragischen Hintergrund: Die israelische Regierung holte 1991 im Rahmen der Operation »Fliegender Teppich« äthiopische Juden, die aufgrund eines Bürgerkriegs vor dem Verhungern standen, aus ihrem Land per Luftbrücke nach Israel. Die Aktion stand unter enormen Zeitdruck, deshalb wurden neben Militärtransportern auch Flugzeuge der staatlichen Fluggesellschaft El Al eingesetzt. Eine Boeing 747, bei der zuvor alle Sitze entfernt worden waren, nahm dabei 1200 Passagiere an Bord und flog mit ihnen aus Äthiopien nach Israel. Die Menschen waren abgemagert und mussten ihre Habseligkeiten in Äthiopien zurücklassen. An Bord des Jumbos saßen sie auf Matten. Nur so war eine solche Beladung überhaupt möglich. Der Rekord ist nirgendwo als solcher festgehalten, aber der Flug, der als einmaliges Ereignis in die Geschichte der Luftfahrt einging, rettete 1200 Menschen das Leben.

Die Antonow An-225 ist mit 600 Tonnen Abflugmasse Rekordhalter unter den Flugzeug-Schwergewichtlern.

SINGAPORE
9V-SKA

AIRBUS A380-800

Bevor der Airbus A380 bei Singapore Airlines in den Liniendienst ging (oben), musste er sich in einem harten Erprobungsprogramm bewähren. Dazu gehörten Tests bei extremer Kälte in Nordkanada (unten), Tests zur Ermittlung der minimalen Abhebegeschwindigkeit (oben rechts) sowie Wasseransaugtests auf einer überfluteten Piste (rechts unten).

4

Vorführungen bei Luftfahrtmessen wie in Farnborough 2008 (oben) gehörten ebenso zum Flugprogramm der A380-Testpiloten wie Starts bei extremem Seitenwind auf Island (unten).

Zeit, die Schönheit der Pyrenäen (oben) oder die Landschaft Südwestfrankreichs (unten) zu bewundern, hatten die Besatzungen bei der Erprobung nur in den seltensten Fällen.

Bei den Testflügen ermitteln die Besatzungen auch, welche Start- und Landestrecken das Flugzeug bei verschiedenen Massen und unterschiedlichen Untergründen benötigt.

Ein Formationsflug mit den Red Arrows ist sicher ein Höhepunkt im Leben eines Piloten.

Der größte und kleinste Airbus: A318 und A380 im Verbandsflug.

Anhang

Glossar

Aircraft Classification Number (ACN)
Maßeinheit, um die Bodenbelastung durch ein Flugzeug für Startbahnen, Rollwege und Vorfelder zu messen. Die ACN ist abhängig von der Gesamtmasse des Flugzeugs und der Gewichtsverteilung durch das Fahrwerk.

Bypass Ratio
Das Nebenstromverhältnis bei Turbofan-Triebwerken bezeichnet das Verhältnis zwischen dem Anteil Luft, der durch das Kerntriebwerk geht im Vergleich zu dem Anteil Luft, der den Nebenstrom bildet. Heutige Hoch-Bypass-Triebwerke haben ein Nebenstromverhältnis von 8:1 und mehr.

CFIT
CFIT (Controlled Flight Into Terrain) ist eine der Hauptunfallursachen in der zivilen Luftfahrt: Technisch intakte Flugzeuge kollidieren versehentlich mit dem Boden oder mit Hindernissen.

CFK
Kohlefaser. Textilartiger Werkstoff, der in Bahnen geschnitten, mit Harz verklebt und unter Hitze und Druck »gebacken« wird.

Chapter 3
Die Geräuschemissionen von Flugzeugen werden international nach der ICAO-Vorschrift Annex 16 kategorisiert. Viele Flughäfen haben ihre Gebühren nach Lärmkategorien gestaffelt. Je höher die Zahl bei der Bezeichnung Chapter ist, umso leiser ist das Flugzeug. Chapter-3-Standards erfüllen alle modernen Verkehrsflugzeuge. Chapter 4 wird der nächste, noch leisere Lärmstandard.

Direct Law
Modus der Flugsteuerungscomputer von Fly-by-Wire-Flugzeugen, der nur bei Flügen von Testpiloten im Rahmen der Flugerprobung eines Musters zugelassen ist. Im Direct Law werden die Steuereingaben der Besatzung ungefiltert direkt an die Steuerungselemente weitergegeben.

EASA
Die europäische Agentur für Flugsicherheit (European Aviation Safety Agency/EASA) mit Sitz in Köln.

FAA
Die Federal Aviation Administration (FAA) ist die amerikanische Luftfahrtbehörde.

FMS
Das Flight Management System (FMS) ist eine computergestützte Flugplanungs- und Flugregelungsanlage. Vor dem Start werden alle Wegpunkte entlang der Route eingegeben beziehungsweise aus der Datenbank geladen, die der Autopilot auf Wunsch der Besatzung mit hoher Genauigkeit abfliegt.

Fuß
In der Luftfahrt werden Flughöhen bis 1524 Meter (5000 Fuß) in Fuß angegeben. Darüber wird der Höhenmesser auf die Druckfläche 1013,25 hPa eingestellt und die Flughöhen werden in Flugflächen angegeben. Ein Fuß entspricht 0,3048 Meter.

GFK
Glasfaser ist ein Kunststoff, der aus textilartigem Gewebe besteht, das zur Verarbeitung in Harz getränkt wird.

Glascockpit
Mit Glascockpit bezeichnet man ein modernes Flugzeugcockpit mit Bildschirmanzeigen anstelle von analogen Instrumenten.

GPS
Das NAVSTAR Global Positioning System (GPS) ist das heute gebräuchlichste Satellitennavigationssystem. Es wurde in den siebziger Jahren von den Streitkräften der USA entwickelt und ist seit Ende der achtziger Jahre weltweit verfügbar. Ein GPS-Empfänger vergleicht die Laufzeitsignale der GPS-Satelliten und errechnet daraus eine Position im Raum. 24 Satelliten sind für eine weltweite Abdeckung notwendig.

HUD
Das Head-up Display ist ein ausklappbares Blickfelddarstellungsgerät, das auf einem halbdurchlässigen Spiegel direkt in der Blickachse der Piloten elementare Flugdaten zeigt. Durch das HUD können Piloten gleichzeitig durch die Frontscheibe nach draußen schauen und flugrelevante Daten ablesen, ohne den Kopf nach unten neigen zu müssen.

ICAO
Die Internationale Zivilluftfahrt-Organisation (International Civil Aviation Organisation) ist eine Unterorganisation der Vereinten Nationen und wurde 1944 durch die Ratifizierung des Abkommens von Chicago gegründet. Sie hat ihren Sitz in Montreal in Kanada.

ICAO Annex 14
Vorschriftensammlung der IACO, die sich mit Flughäfen befasst.

ICAO Code-F
Regelwerk der ICAO innerhalb von Annex 14 für den Betrieb besonders großer Flugzeuge der A380-Größe auf Flughäfen.

ILS
Das Instrument Landing System (ILS) ermöglicht präzise Landeanflüge auch dann, wenn keine ausreichenden Sichtbedingungen herrschen. Das ILS besteht aus einem Landekurssender und einem Gleitwegsender und wird im Cockpit auf dem Kreuzzeigerinstrument, bei der A380 auf dem PFD, angezeigt.

KCCU
Die KCCU (Keyboard Curser Control Unit) ist ein neuartiges Eingabegerät im A380-Cockpit, mit dem jeder Pilot einen Mauszeiger auf den Bildschirmen bewegen kann.

Knoten
Aus der Nautik stammende Einheit für das Messen von Geschwindigkeiten. Ein Knoten entspricht einer Geschwindigkeit von einer Nautischen Meile pro Stunde, also 1,852 Kilometer pro Stunde.

Kilonewton
Abkürzung kN. In der Luftfahrt gebräuchliche Einheit, um den Schub von Strahltriebwerken auszudrücken. In den USA und England sind neben Kilonewton auch Pounds (lbs) als Einheit üblich. Ein kN entspricht 224,733 lbs.

LD3
Standardcontainer für Luftfracht, Post oder Passagiergepäck.

Mach
Ernst Mach war ein österreichischer Physiker. Die nach ihm benannte Einheit Mach dient der Angabe von Geschwindigkeiten relativ zur Schallgeschwindigkeit. Mach 1.0 bezeichnet einfache Schallgeschwindigkeit.

Mock-up
Ein Modell eines Flugzeugs, einer Flugzeugkabine oder eines Cockpits im Maßstab 1:1 zur Veranschaulichung der Dimensionen und zum Testen von Einbauten und deren Handhabung.

MTOM
Die Höchststartmasse (Maximum Take-Off Mass) bezeichnet die maximale Masse eines Flugzeugs, mit der es sicher abheben kann.

Navigation Display (ND)
Bildschirm im Cockpit und Bildschirmanzeige, auf der für die Navigation relevante Daten dargestellt sind. Sie zeigt unter anderem wie eine bewegliche Landkarte die jeweilige Umgebung des Flugzeugs. Am unteren Rand des ND wird in der A380 zusätzlich ein Höhenprofil des Geländes entlang der geplanten Flugroute angezeigt.

NM
Abkürzung für Nautische Meile. Eine NM entspricht 1,852 Kilometern.

Normal Law
Modus der Flugsteuerungscomputer von Fly-by-Wire-Flugzeugen im alltäglichen Einsatz. Der Computer erkennt entstehende gefährliche Flugzustände und verhindert sie durch entsprechende Gegenmaßnahmen.

Primary Flight Display
Bildschirm und Bildschirmanzeige, die elementare Flugdaten wie Geschwindigkeit, Höhe und Lage zum Horizont vermittelt. Falls das PFD ausfällt, steht noch ein batteriebetriebenes Notgerät zur Verfügung.

psi
Amerikanische Einheit zur Messung von Druck. Das Hydrauliksystem der A380 arbeitet mit einem Druck von 5000 psi, was 344,75 bar entspricht.

QC – Quota Count
QC ist ein System zur Limitierung von Geräuschemissionen durch Flugzeuge an den Londoner Flughäfen. Es wurde 1993 eingeführt. Beim QC-System werden die Flugzeuge in Kategorien eingeteilt (QC 1 bis QC 4). Ein QC 4-Flugzeug wirkt mit seinen Geräuschen viermal so stark auf die Flughafenumgebung ein wie ein QC 1-Flugzeug.

Running Loads per inch
Internationale Einheit zur Messung der strukturell zulässigen Bodenbelastungen an Bord. Wichtig für die Frachtverteilung im Hauptdeck der A380F.

Sidestick
Seitlich im Cockpit angebrachter Steuerknüppel, der bei Airbus-Flugzeugen und vielen Militärflugzeugen das traditionelle Steuerhorn abgelöst hat.

VOR
UKW-Drehfunkfeuer VOR (Very High Frequency Omnidirectional Range) dienen in der Luftfahrt der Navigation. Sie basieren auf UKW-Sendestationen, die auf Frequenzen zwischen 108,00 und 117,95 MHz senden.

Winglets
Diese hochgebogenen Flügelspitzen vermindern eine unerwünschte Luftströmung entlang der Flügelspitzen von der Flügelunter- auf die Flügeloberseite, die Widerstand erzeugt.

Die wichtigsten Internetseiten mit A380-Informationen

Im Internet sind sehr viele Informationen über den Airbus A380 zu finden. Allerdings stehen dort auch viele Informationen, die einfach von anderen Quellen abgeschrieben wurden und nicht aus erster Hand stammen. Diese Website-Liste ist nicht als Empfehlung zu verstehen. Die Autoren sind nicht verantwortlich für die Inhalte der aufgeführten Websites! Die Websites können aus vielerlei Gründen ihre Namen ändern oder ganz aus dem Netz genommen werden. Auch dafür können die Autoren trotz genauester Recherche keine Haftung übernehmen.

Airbus

www.a380.com
www.airbus.com
www.eads.net

Zulieferer (Auswahl)

Engine Alliance	www.enginealliance.com
Rolls-Royce	www.rolls-royce.com
Aircelle	www.aircelle.com
Air Liquide	www.dta.airliquide.com/index.html
Alcoa	www.alcoa.com
Alenia	www.alenia-aeronautica.it
AOA	www.aoa-gauting.de
Aviointeriors	www.aviointeriors.it
Barco Systems	www.barco.com
Belairbus	www.belairbus.be
Böhler Edelstahl	www.bohleruddeholm.com
Bridgestone	www.bridgestone-eu.com
CESA	www.cesa.aero
Comtas Composite	www.comtas.com
Corus Aluminium Walzprodukte	www.corusgroup-koblenz.com
Curtiss-Wright	www.cwcontrols.com
Dasell Cabin Interiors	www.dasell.com
Diehl Avionik Systeme	www.diehl-avionik.de
Dräger	www.draeger.com
Driessen Europe	www.driessen.com
DuPont	www.aerospace.dupont.com
ESW	www.esw-wedel.de
Eurocopter	www.eurocopter.com
Fischer Advanced Composites Components	www.facc.at
GKN Aerospace	www.aerospace.gknplc.com
Goodrich	www.goodrich.com
Goodrich Hella	www.goodrich-hella.com
Hawker de Havilland	www.hawkerdehavilland.com.au
Hexcel	www.hexcel.com
Hindustan Aeronautics Limited	www.hal-india.com
Honeywell	www.honeywell.com
Huntsman Advanced Materials	www.huntsman.com
Intertechnique	www.intertechnique-air.com
JAMCO	www.jamco.co.jp
Jeppesen	www.jeppesen.com
Latécoère	www.latecoere.fr
Liebherr	www.liebherr.con
Matsushita	www.mascorp.com
Meggitt	www.meggitt.com
Messier-Bugatti	www.messier-bugatti.com
Michelin	www.michelin.com
MTU Aero Engines	www.mtu.de
Nordam	www.nordam.com
Nord-Micro	www.nord-micro.de
Northrop-Grumman	www.northropgrumman.com
Otto Fuchs Metallwerke	www.otto-fuchs.com
Panasonic	www.panasonic.aero
Patria-Finavicomp	www.patria.fi
PFW Aerospace AG	www.pfw.aero
Pratt & Whitney Canada	www.pwc.ca
Recaro	www.recaro-as.com
Rheinmetall Defence Electronics	www.rheinmetall-defence.de
Rockwell-Collins	www.rockwell-collins.com
RUAG	www.ruag.com
Saab Aerostructures	www.saabaerostructures.com

Sächsische Spezial-konfektion Spekon	www.spekon.de
Safran	www.safran-group.com
Sagem	www.sagem.fr
Sicma	sicma.zodiac.com
SKF Aerospace	www.skf.com
Smiths Aerospace	www.smiths-aerospace.com
Sonaca	www.sonaca.com
Stork Aerospace	www.storkaerospace.com
Sulzer Metco Turbine Components	www.sulzermetco.com
Textron Fastening Systems	www.textronfasteningsystems.com
Thales	www.thalesgroup.com
Wulfmeyer Aircraft Interior	www.wulfmeyer.com

A380-Kunden

Air France	www.airfrance.com
British Airways	www.ba.com
China Southern Airlines	www.cs-air.com/en/
Emirates Airlines	www.ekgroup.com
Etihad Airways	www.etihadairways.com
ILFC	www.ilfc.com
Kingfisher Airlines	www.flykingfisher.com
Korean Air	www.koreanair.com
Lufthansa	www.lufthansa.de
Malaysian Airlines	www.malaysianairlines.com
Qantas Airways	www.qantas.com
Qatar Airways	www.qatarairways.com
Singapore Airlines	www.singaporeair.com
Thai Airways International	www.thaiair.com
Virgin Atlantic Airways	www.virgin-atlantic.com

Flughäfen

Bangkok	www.airportthai.co.th
Chicago O'Hare	www.ohare.com
Doha International Airport	www.dohaairport.com
Dubai International Airport	www.dubaiairport.com
Frankfurt Rhein-Main	www.fraport.de
Hongkong	www.hongkongairport.com
Incheon International Airport	www.airport.or.kr
Kuala Lumpur	www.klia.com.my/
London-Heathrow Airport	www.heathrow.co.uk/
Los Angeles International	www.lawa.org/lax/
Melbourne International Airport	www.melair.com.au/
Montreal - Pierre Elliott Trudeau International Airport	www.admtl.com
Mumbai Chattrapathi Shivaji International Airport	www.mumbaiairport.com
München Franz-Josef Strauss	www.munich-airport.de
New York John F. Kennedy	www.kennedyairport.com
Paris Charles de Gaulle	www.aeroportsdeparis.fr
San Francisco International Airport	www.flysfo.com
Singapore Changi International Airport	www.changi.airport.com.sg/
Syndney International (Kingsford Smith) Airport	www.sydneyairport.com.au

Literaturverzeichnis

Dieses Verzeichnis bringt eine Auswahl der wichtigsten von den Autoren benutzten Quellen. Neben allgemeinen Werken zur Verkehrsluftfahrt wurden auch Berichte aus den wichtigsten internationalen Luftfahrtzeitschriften (FLUG REVUE, Flight International, Airliner World, Air Transport World, Aviation Week & Space Technology) als Quellen herangezogen. Zudem dienten die Internetseiten der verschiedenen Hersteller, Fluggesellschaften und Flughäfen als Informationsquellen.

Aris, Stephen: Close To The Sun, How Airbus Challengend America‘s Domination of the skies, London, Großbritannien, 2002

Bowers, Peter M.: Boeing Aircraft since 1916, 3. Auflage, London, Großbritannien, 1989

Buch, Hartmut und Kluge, Robert: Luftfahrtführer Deutschland, Berlin, Deutschland, 2003

Butterworth-Hayes, Philip: Airbus A380 a new dimension in air travel, Newsdesk Communications in association with Airbus, London, Großbritannien, 2005

Chambost, Germain avec Renard, Jean-Denis: La Grande Aventure De L‘Airbus A380, Editions Sud Ouest, Toulouse, Frankreich, 2005

Deutsche Lufthansa AG (Hrsg.): Lufthansa Jahrbuch, 86, Köln, Deutschland, 1986

Deutsche Lufthansa AG (Hrsg.): Die Geschichte der Deutschen Lufthansa 1926 - 1984, Köln, Deutschland, 1984

General Electric Company (Hrsg.): Eight Decades of Progress, Cincinnati, USA, 1990

Hengi, B.I.: Fluggesellschaften weltweit, Allershausen, Deutschland, 1991

Hünecke, Klaus: Die Technik des modernen Verkehrsflugzeuges, Stuttgart, Deutschland, 1998

Irving, Clive: Widebody, The Triumph of the 747, New York, USA, 1993

Jackson, Paul: Jane‘s All The World‘s Aircraft 1998–99, Coulsdon, Surrey, England, 1998

March, Peter R.: Civil Airliner Recognition, 6th Edition, Shepperton, Surrey, Großbritannien, 1999

Redding, Robert and Yenne, Bill: Boeing – Planemaker to the World, New York, USA, 1989

Roach, J.R. und Eastwood, A.B.: Jet Airliner Production List 1949–1989, West Drayton, England, 1989

Serling, Robert J.: Legend & Legacy, The Story of Boeing and Its People, New York USA, 1992

Stewart, Stanley: 400 Tonnen heben ab, Stuttgart, Deutschland, 1989

Thomalla, Volker K.: Airliner der Welt, Stuttgart, 2004

Thomalla, Volker K.: Boeing 747, Reihe: Flugzeuge die Geschichte machten, Stuttgart, 1992

Dank

Die Autoren danken einer großen Zahl von Unterstützern bei Airbus und weiteren Unternehmen für ihre Hilfe an diesem Buch. Besonders zu nennen ist neben dem Airbus-Management die eigentliche A380-Mannschaft, darunter Charles Champion, Robert Lafontan, Fernando Alonso, Jacques Rosay, Jean-Michel Roy, Manfred Birnfeld und natürlich Jürgen Thomas. Ebenso entscheidend war die ständige, hervorragende Betreuung durch die Airbus-Pressestelle unter Barbara Kracht und Stefan Schaffrath. Ganz besonderer Dank gebührt dort auch Tore Prang, Nina Pretzlick, Francoise Maenhaut. Außerdem Arndt Hellmann und David Voskuhl. Auch der EADS-Pressestelle sei an dieser Stelle ein Dank ausgesprochen. Ohne die Bereitschaft der vielen Mitarbeiter bei Herstellern, Zulieferern, Flughäfen und Fluggesellschaften, mit den Autoren zu sprechen, wäre es nicht möglich gewesen, dieses Buch zu schreiben. Zitate sind als solche im Text ausgewiesen.

Die Autoren

Volker K. Thomalla ist Chefredakteur der Luftfahrtzeitschriften FLUG REVUE, aerokurier und Klassiker der Luftfahrt. Er ist seit über 20 Jahren journalistisch im Bereich der Luftfahrt tätig und hat bereits zahlreiche Luftfahrtbücher geschrieben.

Sebastian Steinke arbeitet als Redakteur bei den Zeitschriften FLUG REVUE und Klassiker der Luftfahrt. Seine Spezialgebiete sind Luftverkehr und Flughäfen. Er ist profunder Kenner von Airbus und des A380-Programms und besucht Toulouse, Hamburg und andere Produktionsstandorte regelmäßig.

Faszination Luftfahrt

Karl Morgenstern/Dietmar Plath
Airbus
Die Geschichte des europäischen Firmenkonsortiums Airbus von der Gründung, den schwierigen Anfangsjahren, den wirtschaftlichen Höhen und Tiefen bis in die heutige Zeit, in der sich das Unternehmen zusammen mit Boeing den Weltmarkt für Passagierflugzeuge teilt. Außerdem wird jeder Flugzeugtyp von Airbus vorgestellt.
168 Seiten, 142 Bilder, davon 108 in Farbe
Bestell-Nr. 02566 **€ 29,90**

Wilfried Kopenhagen/Jochen K. Beeck
Das große Flugzeugtypenbuch
In dieser überarbeiteten Neuauflage des Luftfahrt-Klassikers werden nahezu 1000 verschiedene Flugzeugtypen aus allen Epochen der Luftfahrt beschrieben. Passagier- und Transportflugzeuge, Militärmaschinen und Hubschrauber werden mit technischen Daten, Fotos und Dreiseitenansichten ausführlich erläutert.
752 Seiten, 1253 Bilder, 1116 Zeichnungen
Bestell-Nr. 02522 **€ 49,90**

Jochen K. Beeck **Im Zeichen des Kranichs**
Vor 80 Jahren wurde die »Deutsche Luft Hansa Aktiengesellschaft« gegründet. In acht Jahrzehnten waren zahlreiche Flugzeugtypen für die Linie mit dem Kranich im Einsatz. Die Vielfalt dieser Flugzeuge von der Ju 52 über die FW200, die Boeing 737 bis hin zu den modernen Airbus-Mustern von heute zeigt dieser Titel.
288 Seiten, 424 Bilder, davon 244 in Farbe
Bestell-Nr. 02668 **€ 29,90**

Frank Littek **Luftfracht**
Kein Transportmittel ist schneller, zuverlässiger und präziser als die Luftfracht, die mittlerweile den ganzen Globus umspannt. Auch unter technischen Aspekten ist das Thema faszinierend. Dieses Buch befasst sich mit der Geschichte, der Organisation, der Technik und den Flugzeugen dieses Bereichs der Luftfahrt.
176 Seiten, 160 Bilder, davon 144 in Farbe, 5 Zeichnungen
Bestell-Nr. 02581 **€ 24,90**

Robert Jackson **Flugzeuge**
Diese umfangreiche Enzyklopädie spannt einen weiten Bogen von den Anfängen der Fliegerei bis zu den Airlinern und Kampfflugzeugen der Moderne. Über 3000 verschiedene Typen von mehr als 1000 Herstellern werden in Wort und Bild vorgestellt: weltbekannte Klassiker und wenig gebaute Muster.
544 Seiten, 1044 Bilder, davon 620 in Farbe
Bestell-Nr. 02667 **€ 49,90**

IHR VERLAG FÜR LUFTFAHRT-BÜCHER
Postfach 10 37 43 · 70032 Stuttgart
Telefon (07 11) 2108065 · Fax (07 11) 2108070
www.paul-pietsch-verlage.de
Motor buch Verlag

Stand Oktober 2008 – Änderungen in Preis und Lieferfähigkeit vorbehalten